U0338111

热轧带钢层流冷却过程建模与控制方法研究

片锦香　郭喜峰　著

中国矿业大学出版社

·徐州·

图书在版编目（C I P）数据

热轧带钢层流冷却过程建模与控制方法研究 / 片锦香，郭喜峰著. — 徐州：中国矿业大学出版社，2020.12

ISBN 978 - 7 - 5646 - 4395 - 9

Ⅰ. ①热… Ⅱ. ①片… ②郭… Ⅲ. ①热轧－带钢－冷却－化工过程 Ⅳ. ①TG335.5

中国版本图书馆 CIP 数据核字（2020）第 206883 号

书　　名	热轧带钢层流冷却过程建模与控制方法研究
著　　者	片锦香　郭喜峰
责任编辑	仓小金
出版发行	中国矿业大学出版社有限责任公司
	（江苏省徐州市解放南路　邮编 221008）
营销热线	（0516）83884103　83885105
出版服务	（0516）83995789　83884920
网　　址	http://www.cumtp.com　E-mail：cumtpvip@cumtp.com
印　　刷	江苏凤凰数码印务有限公司
开　　本	787 mm×960 mm　1/16　印张 10.75　字数 210 千字
版次印次	2020 年 12 月第 1 版　2020 年 12 月第 1 次印刷
定　　价	42.00 元

（图书出现印装质量问题，本社负责调换）

前　言

　　层流冷却工艺是现代钢铁工业中通过轧后强制水冷来改善带钢的组织性能,提高带钢质量和产量的过程。层流冷却控制系统通过控制喷水集管阀门的开闭状态控制冷却水量,使带钢从终轧机出口带钢温度(800～900 ℃)冷却到工艺要求的卷取温度(550～700 ℃)。层流冷却是影响热轧带钢组织性能的关键工序之一,冷却后的卷取温度是决定成品带钢加工性能、力学性能的重要参数之一,卷取温度过低或者过高都将降低带钢质量。

　　冷却过程传热机理复杂,水冷换热系数、热导率等具有随工况条件的变化而非线性变化的特性,难以建立精确的层流冷却过程模型。现有的层流冷却模型只描述了在单个冷却单元下的冷却动态过程,不能直接计算带钢卷取温度,且水冷换热系数和热导率的选择忽略了变化工况对关键参数的影响,导致现有层流冷却模型精度较低。

　　因受冷却过程中高温水汽的影响,冷却区中难以逐点对运行状态的热轧带钢温度进行连续检测,且冷却水量与带钢卷取温度之间的关系具有复杂的非线性特性,现有的基于表格查询和带钢温度模型的控制方法受限于表格的规模和带钢温度模型精度,不能适应变化频繁的工况条件,导致卷取温度控制精度较低。

　　本书依托 973 项目(No.2002CB312200)"复杂生产制造过程实时、智能优化与控制理论和方法研究",针对热轧带钢层流冷却过程建模和控制中存在的问题,以提高带钢卷取温度控制精度为目标,开展了热轧带钢层流冷却过程的建模和控制方法的研究。具体研究工作包括:

　　(1) 提出了由冷却单元阀门开闭状态模型、任意段带钢所处冷却单元位置计算模型、冷却单元下的冷却过程动态模型切换机制、冷却单元下的带钢上表面温度模型组成的带钢卷取温度模型。其中冷却单元阀门开闭状态模型根据喷水控制系统给出的喷水集管阀门开启总数、上下起始阀门开启位置和喷水模式确定每段带钢经过各冷却单元时对应的喷水控制阀门开闭状态;每段带钢所处冷却单元位置计算模型根据带钢进入冷却区的初始速度和设定的加速度计算每段带钢在任意时刻所处冷却区域内的位置;冷却单元冷却过程动态模型切换机制根据阀门开闭状态确定在该冷却单元发生的换热方式;冷却单元带钢上表面温度模型根据确定的换热方式选择具体的水冷或空冷换热模型计算带钢上表面温度。

（2）给出了水冷换热系数模型、热导率模型中关键参数随带钢工况条件变化的确定方法,特别是给出了水冷换热系数模型中的比例参数随每段带钢的工况条件的变化而变化的方法,改进了水冷换热系数和热导率模型,从而提高了带钢卷取温度模型精度。最后采用国内某大型钢厂实际运行数据进行模型实验研究,结果表明,与文[34]忽略每段带钢工况条件的变化对水冷换热系数模型的影响方法相比,采用本书方法改进水冷换热系数模型、热导率模型之后计算的卷取温度与实测卷取温度之间的偏差均方根误差从 11.8 ℃下降到 4.2 ℃。

（3）提出了层流冷却过程混合智能控制方法,其中喷水集管控制阀门开启总数设定方法由喷水集管阀门开启总数的预设定模型、卷取温度预报模型、预报补偿模型、带钢批次间补偿模型组成,其中预设定模型根据目标卷取温度、终轧机出口带钢厚度预估值、温度预估值、带钢头部速度预估值计算喷水集管阀门开启总数的预设定值;卷取温度预报模型根据阀门开启总数的设定值预报带钢的卷取温度值;预报补偿模型根据预报卷取温度偏差,结合案例推理技术和常规 PI 调整算法计算喷水集管阀门开启总数的前馈补偿值;带钢批次间补偿模型根据已经冷却后的带钢实测卷取温度与目标卷取温度之间的实际偏差,采用案例推理技术和 PI 迭代学习方法,在不同批次带钢之间进行迭代运算,最终求得使实际卷取温度偏差被控制在一定范围内的喷水集管阀门开启总数批间补偿值。随工况条件的变化,该方法能够自动调整喷水集管阀门开启总数设定值,再将该设定值送给过程控制系统进行任意时刻的喷水控制阀门的开闭状态计算并执行,从而实现冷却水量的调整,保证卷取温度被控制在目标温度范围内。

（4）基于本书提出的层流冷却过程模型和控制方法,设计开发了虚拟对象仿真软件和设定控制软件,并将开发的软件与现有的由设定控制计算机、过程控制系统(包括 PLC 控制系统和过程监控系统)、仪表与执行机构虚拟装置、虚拟对象计算机组成的分布式仿真实验平台相集成,建立了层流冷却过程控制仿真实验系统。

（5）在上述仿真实验系统上进行了本书提出的混合智能控制方法的实验研究,结果表明,与国内某大型钢厂现有控制方法相比,采用本书方法使实际卷取温度偏差被控制在±10 ℃的命中率从 42.9% 提高到 84.1%,均方根误差由 21.1 ℃下降为 8.21 ℃。

目　　录

第1章 绪 论

1.1 研究背景与意义

热轧带钢是广泛应用于汽车、电机、化工、机械制造、建筑、造船等部门的重要工业原料。对带钢的需求量日益增长,对带钢产品质量的要求也越来越高。衡量热轧带钢产品质量的因素除了带钢厚度、宽度和板形外,另外一个重要因素就是产品的机械加工性能。热轧层流冷却过程是热轧生产成品之前的最后一道重要工序,它直接决定了最终的带钢产品质量[1]。

层流冷却工艺可以简单概述为通过改变轧后的冷却条件来控制奥氏体组织状态,通过控制相变条件和碳化物的析出行为来改善带钢的组织和性能。采用层流冷却技术可以在不降低韧性的情况下,将实际卷取温度控制在要求的范围内,提高带钢强度和质量[3,4,5]。在精轧机组的终轧机出口带钢温度一般约为 $800\sim900\ ℃$,高取向硅钢的终轧机出口带钢温度通常为 $980\ ℃$,而大部分钢厂的输出辊道一般为 $100\ m$ 左右,带钢在此段辊道上的运行时间一般约为 $5\sim15\ s$。在这么短的时间内要使带钢温度降低 $200\sim350\ ℃$,仅靠带钢在输出辊道上的热辐射散热和带钢向辊道传热等自然冷却是不可能达到的,必须在输出辊道的很长一段距离上设置高冷却效率的喷水装置,对带钢上、下表面喷水,进行强制冷却,并对喷水水量进行准确控制,以满足对带钢温度的控制要求[6,7,8,9]。美国钢铁学会(AISI,America Iron and Steel Institute)首先对热轧带钢层流冷却进行了研究,并提出层流冷却的主要益处之一是晶体细化,细晶粒导致钢的强度、缺口冲击韧性和抗脆性断裂的能力增加。采用细化晶粒作为基本强化机制,允许在保持相同强度水平的情况下适当降低钢中含碳量。而较低的碳含量改善了成型性能、缺口韧性与可焊性,对扁平钢材实行控制冷却,保证获得匹配适宜的综合机械性能,并缩小热轧低合金高强度钢和需要热处理的钢之间的性能差距[10]。是由于这一技术在节省合金和热处理的同时能够保证性能,引起了钢铁行业的广泛关注。

本书依托 973 项目（No. 2002CB312200）"复杂生产制造过程实时、智能优化与控制理论和方法研究"及东北大学"985 工程"流程工业综合自动化科技创新平台建设项目，以提高与带钢密切相关的质量指标——卷取温度的控制精度为目标，开展了热轧带钢层流冷却过程的建模和智能控制方法的研究，并在热轧带钢层流冷却过程控制实验系统上进行了实验验证。

1.2　热轧带钢层流冷却过程建模方法研究现状

热轧带钢层流冷却过程模型研究成果主要有以下几个部分：基于经验的代数公式和简化微分形式的带钢温度模型、简化微分形式的带钢温度模型与误差补偿模型相结合的带钢温度模型、基于多模型技术的带钢温度模型、厚度方向上的带钢平均温度的动态温度模型、考虑厚度方向上的温度梯度的动态温度模型等，具体如下。

（1）基于经验的代数公式和简化微分形式的温度模型

文[11,12,13]结合总热量平衡，通过实验建立热平衡状态下的带钢冷却结束后的卷取温度与冷却水量之间的经验公式，具体表达形式是带钢温降和喷水集管控制阀门开启总数之间的简单代数公式。

宝钢采用的基本模型[14]是在冷却区边界条件均匀条件下给出的，假设从带钢到环境的热传导都是相同的，即

$$H(t) = H_0 + (F_T - T_e)\exp(-pt) \tag{1-1}$$

其中 $H(t)$ 为 t 时刻带钢温度；t 为带钢进入冷却区时间；T_e 为环境温度；F_T 为终轧机出口带钢温度；p 为时间常数的倒数（模型因子）。

该模型是建立在无限大平板的热传导方程基础上的。

文[15]考虑了带钢的速度和温度对冷却速率的影响，给出了描述带钢在冷却区温度变化的微分方程：

$$h\frac{\mathrm{d}H}{\mathrm{d}t} = -Kf(H)g(v) \tag{1-2}$$

其中 H 代表带钢厚度方向的平均温度；h 代表热交换系数；$f(H)$ 代表带钢温度对冷却速率的影响函数；$g(v)$ 代表带钢运行速度对冷却速率的影响函数。$f(H)$、$g(v)$ 随工况变化。

文[16]在考虑带钢与冷却水之间形成蒸汽层的基础上利用统计方法建立了冷却过程的换热模型。文中认为带钢冷却过程除了带钢与环境的辐射传热、带钢与冷却水之间的对流传热之外，还包括由于冷却水的蒸发和冷凝所引起的

热量传递过程。由于带钢的温度非常高,所以一旦冷却水与灼热的带钢相接触,在带钢与液态冷却水之间就迅速地形成一个蒸汽层,并迅速地在带钢、气相冷却水和液相冷却水之间建立平衡状态。考虑厚为 F_d,长为 Δl,宽为 z 的一段带钢,其传热速率 $\mathrm{d}Q/\mathrm{d}t$ 与热通量 φ 成正比,即

$$\frac{\mathrm{d}Q}{\mathrm{d}t} = \varphi z \Delta l \tag{1-3}$$

最后推理得出

$$\frac{\mathrm{d}H}{\mathrm{d}l} = \frac{T_{eg} - T_{cw}}{T_{eg} - T_{wref}} \cdot \frac{\varphi_{ref}}{h \rho c_p H v^\varepsilon} \tag{1-4}$$

其中,H 为带钢温度;c_p 为带钢的比热;φ_{ref} 为标准工况下的热通量;T_{wref} 为标准工况下的冷却水温度;ρ 为带钢的密度;T_{cw} 为冷却水初始温度;T_{eg} 为平衡状态时冷却水的温度;$(\varepsilon > 1)$ 为指数校正因子;h 为换热系数。对式(1-4)进行积分就可以计算出带钢温度。但由于目前主流层流冷却设备采用较高压力的侧喷水或侧吹气,因而水与带钢之间无法形成蒸汽膜,该模型在本书的研究中并不适用。

文[17]用代数解析形式来表示带钢厚度方向的平均温度,具体如下:

$$T_c = (T_0 - T_w) \exp\left(-\frac{4a}{F_d} \cdot \theta_i^2 \cdot t\right) + T_w \tag{1-5}$$

其中,T_c 为冷却结束后的卷取温度;T_0 为进入冷却区前的初始温度;T_w 为冷却水温;F_d 为终轧机出口带钢厚度;t 为冷却时间;θ_i^2 为根据实际设备经验给定的参数。

(2)简化微分形式的温度模型与误差补偿模型相结合的温度模型

为了提高冷却过程模型的精度,并可以描述更多规格带钢产品,在文[18]基础上增加了一个层流冷却过程模型偏差的补偿模型,基于神经网络技术的补偿模型结构如图 1-1 所示,以产品规格为输入,层流冷却过程模型的补偿偏差为网络输出,从而起到补偿冷却过程模型偏差的作用。特别是当产品规格发生变化时,补偿了模型计算的卷取温度与实际卷取温度之间的偏差,提高了卷取温度的计算精度。

(3)基于多模型技术的温度模型

上述引入补偿模型的混合模型[18]适合用于带钢产品规格变化较小的情况,当产品规格变化范围较大时,会导致神经网络的层数和节点数的增加,使网络难以真正实现,因此,文[18]、[19]提出采用多模型技术简化网络结构,使网络实现成为可能,并扩大了带钢规格的描述范围。文[20]提出了基于 RBF (Radial Basis Function)神经网络技术的热轧带钢层流冷却过程模型,其网络

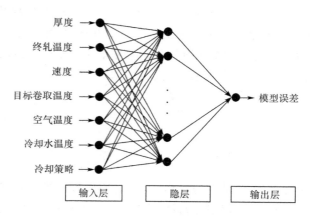

图 1-1　卷取温度模型误差补偿网络

输入为钢材的厚度、速度、温度、加速度、冷却水温、环境温度及阀门开启总数；输出为卷取温度，其 RBF 网络定义如下：

$$y_p = w_0 + \sum_{j=1}^{\infty} w_j \varPhi(\parallel x_p - c_j \parallel) \tag{1-6}$$

式中，y_p 为当前输入第 p 个样本时目标节点的输出；w_j 为第 j 个径向基函数连接到输出节点的权值；w_0 为目标节点的阈值；m 为隐层节点数；$X \in R^L$ 为网络输入向量；$\varPhi(\cdot)$ 为基函数；$\parallel \cdot \parallel$ 为欧几里得范数，$c_j \in R$ 为 RBF 网络的中心。

（4）基于热传导机理的忽略厚度方向上的温度梯度的动态温度模型

上述模型究其本质都是静态模型，为了研究热轧带钢在层流冷却过程中温度的动态变化过程，文[22]，[23]从热传导机理出发，建立了冷却过程带钢温度在时间上的一维线性微分方程：

$$\rho c_p [H(t,x)] \frac{\partial H(t,x)}{\partial t} = \frac{\partial}{\partial x} \left\{ K[H(t,x)] \frac{\partial H(t,x)}{\partial x} \right\} \tag{1-7}$$

式中，H 为带钢温度；ρ、c_p、K 为模型的热物性参数。

文[24]、[25]提出了冷却过程热轧带钢温度的一维线性微分方程：

$$\rho c_p \frac{\partial H}{\partial t} = k \frac{\partial^2 H}{\partial x^2} + \dot{Q} \tag{1-8}$$

其中 ρ、c_p、k 为热物性参数；$\dot{Q}$ 为带钢内部潜热。

前面叙述的一维动态带钢温度模型是从带钢温度与冷却水量的代数解析关系出发建立的模型，其输出实际上都是带钢厚度方向上的平均温度，然而实际上，带钢厚度方向上存在温度梯度，特别是对中厚带钢，厚度方向上的温度梯度是不可忽略的[26]。

(5) 基于热传导机理的考虑厚度方向上温度梯度的动态温度模型

为了降低厚度方向上温度梯度造成的模型偏差,文[24]假设带钢厚度方向上的温度分布为一抛物线,经过简化处理后,建立了一维线性微分方程,但仍没有从根本上考虑带钢厚度方向上的温度梯度。鉴于此,很多研究同时考虑时间和厚度上的温度变化,从带钢与冷却水之间的热交换及带钢内部的热传导机理出发,建立了二维动态带钢温度模型。例如文[27]提出的二维微分方程:

$$\frac{1}{x}\frac{\partial}{\partial x}\left(kx\frac{\partial H}{\partial x}\right)+\frac{\partial}{\partial y}\left(k\frac{\partial H}{\partial y}\right)+\dot{Q}=\rho c_{\mathrm{p}}\frac{\partial H}{\partial t} \tag{1-9}$$

其中 x 为带钢运行方向;y 为厚度方向;t 为冷却时间;ρc_{p} 为热物性参数。该模型实际上是带有非线性边界条件的偏微分方程,难以直接求解。

文[28]、[29]、[30]、[31]根据热力学第一定律和傅立叶定律,利用有限差分工具,建立在厚度和时间上的带钢温度差分方程,为层流冷却过程的动态分析提供了有效工具,例如文[32]建立如下模型:

$$-2a_1 H_{j+1}^{n+1}+(1+2a_1+a_4)H^{n+1}-a_2 H_{j-1}^{n+1}=H_j^n+a_3 \tag{1-10}$$

$$-2a_1 H_{j+1}^{n+1}+(1+2a_1+a_4)H^{n+1}=H_j^n+a_3 \tag{1-11}$$

$$(1+2a_2+a_5)H^{n+1}-2a_2 H_{j-1}^{n+1}=H_j^n+a_3 \tag{1-12}$$

其中式(1-10)为带钢内部节点温度方程,式(1-11)和式(1-12)为上下表面节点温度方程,H_j^n 为第 j 个厚度节点在时刻 n 的带钢温度,a_1、a_2、a_3 代表与热特性相关的系数。

1.3 热轧带钢层流冷却过程控制方法研究现状

由于冷却水量与带钢卷取温度之间具有复杂的非线性关系,且层流冷却过程工况条件变化频繁、缺乏连续实测的带钢温度数据[35,36],因此,中小钢厂经常采用查询控制策略表格的方法进行控制。目前的层流冷却控制方法主要有基于经验模型和策略表格的开环设定控制、基于模型的开环控制、基于预设定与线性补偿模型相结合的控制、基于智能技术的控制等。

(1) 基于经验和策略表格的开环设定控制方法

大部分中小钢厂的层流冷却系统的控制策略倾向于表格查询或者直接应用经验公式进行控制[37]。文[23]和[22]提出使用冷却水量和带钢温度之间的经验公式进行控制,显然当带钢的工况发生较大变化,超出表格涵盖的工况范围时,卷取温度控制精度较低[38]。

文[23]根据温度与冷却水量之间的经验模型进行喷水集管控制阀门开启总数的粗略计算,文中提出的经验模型不可能准确涵盖所有工况条件,当工况变化范围较大时只能通过操作员进行人工干预调整。

（2）基于模型的控制方法

文[37,39,32]和文[27,40]针对各冷却单元流量可调的设备,提出的控制策略可以实现对冷却曲线的良好跟踪控制。文[47]要求在每个控制单元区内实时进行温度模型计算,其计算量大,因此作者提出采用并行计算机进行计算控制,这使大部分没有并行计算机的地方需要进行较大的设备升级。

文[40]认为实际卷取温度不等于目标温度时,是由于基于模型的迭代控制算法中的三个关键参数辨识误差引起的,在下一条带钢中进行参数调整后采用新的模型进行新的控制计算。文[69]通过水量和温度之间的经验关系模型进行控制量推算,并在层流冷却过程为一阶时滞系统的假设条件下设计最小调整时间反馈控制器。当每条带钢冷却结束后,采集实测卷取温度数据对模型参数进行统计拟和,根据实测数据计算出标准差最小的模型参数,再选取该参数作为模型参数。然而文中提出的反馈控制方法是建立在一阶时滞系统的假设条件下设计的最小调整时间反馈控制器,而实际带钢冷却过程是一个非线性、偏微分方程,其边界条件也呈非线性变化[32]。

文[13]将带钢沿长度方向分段进行逐点控制,利用带钢卷取温度预报模型计算的预测值与目标卷取温度相比较,不断调整喷水集管控制阀门开启总数,直至预测卷取温度与目标卷取温度之差最小,调整后喷水集管控制阀门总数即为过程控制系统需要打开的阀门总数。利用模型预测的卷取温度预报值与带钢到达卷取温度检测仪表实测的卷取温度之差不断校正卷取温度预报模型。该控制方法具有自适应功能,分为同类带钢的自适应和长期自适应。同类自适应指将一条带钢各采样点的卷取温度校正值相加,取其和的 50% 作为下一条带钢带头预测卷取温度的校正值。长期自适应指利用一个校正参数对随后的几条带钢上的每个采样点的传热量进行校正。

文[41]描述了宝钢采用的控制系统,宝钢对整个冷却区进行分区后,从带钢温度的指数型经验模型出发,求出带钢计算点在各冷却分区的滞留时间,然后再根据带钢的运动速度,求出冷却区的长度。当每条带钢冷却结束后,利用实测的卷取温度值更新计算指数型带钢温度经验模型,推理得到下一采样点应该补偿的喷水集管控制阀门开启总数。

（3）基于预设定与线性补偿模型相结合的控制方法

为了对实测干扰进行补偿,文[64]提出了预设定模型结合线性补偿模型的

方法,采用多个工作点上的线性补偿模型对实测入口位置的边界条件干扰进行补偿,补偿模型为:

$$N(t_s) = \beta_1 \frac{\Delta H + \Delta T_0}{\Delta T_0} N_0 + \beta_2 \frac{F_d - d_0}{d_0} N_0 + \beta_3 \frac{T_w - T_{w0}}{T_{w0}} + \beta_4 \frac{e_v - T_{e0}}{T_{e0}} + \beta_5 \frac{v - v_0}{v_0}$$

$$(1-13)$$

其中第一项为补偿温降引起的开阀个数变化,是引起开阀个数变化的主要因素;第二项为补偿厚度偏差的影响;第三至第五项补偿分别为水温、入口温度和速度变化的影响。公式参数采用最小二乘辨识方法给出。

(4) 基于智能技术的控制方法

在控制策略中引入智能技术有效缓解了对温度模型依赖。文[43,42,25]针对中厚钢板加速冷却工艺过程监控级难以实现闭环控制的问题,以及过程模型的强非线性、强耦合、不易建立数学模型的特点,应用混合智能控制的思想,充分利用操作员的操作知识,采用知识与数据驱动方法提出了一种主、从控制方法,设计了模糊自搜索机制,建立了混合式实时专家控制系统,取代操作员进行新工作点的控制量计算,实现了整个冷却过程的闭环优化控制,从而提高了控制性能。其中用"粗调"与"精调"相结合的策略消除了变量之间的耦合作用,建立了多变量模糊推理系统,完成对回路设定点的搜寻任务,并用模糊推理结论加权的方法提高模糊推理系统的鲁棒性;利用 RBF 网络来逐渐取代线性自适应控制模型,提高设定值的精度;并用统计分析的理论和模糊评判的策略建立了控制系统监督模型。

文[19]针对终轧钢板的品种多、厚度变化大,钢板在冷却过程中发生相变产生的大量热量对冷却效果产生显著影响但却无法测量的问题,采用 RBF 神经网络与优化控制技术相结合的方法,提出了基于 RBF 神经网络技术的每幕流量的设定模型。文中首先建立冷却过程带钢温度与各工况条件之间关系的 RBF 网络模型模型,网络输入为钢板厚度、运行速度、钢板温度、运行加速度、冷却水温、环境温度及每幕流量,输出为带钢卷取温度。再利用该模型进行反求每幕流量的修正量。通过学习被控对象的逆模型使得从神经网络控制器的输入至对象的输出端的函数近似为单位映射,进而得到被控对象的控制器。同时神经网络控制器所使用的误差信号是对象模型卷取温度输出与实测卷取温度输出的偏差。该方法由于采用完全基于数据的神经网络方法,难以解释层流冷却过程的物理特性,对于工况变化比较大的操作情况,控制性能具有不可靠性。

文[44,34]充分利用控制专家知识建立案例库,利用案例推理技术进行冷却区喷水集管控制阀门开启总数的预设定。预设定模型的输入量为带钢硬度等级、带钢厚度、终轧机出口带钢温度预估值、带钢头部运行速度预估值和冷却水水温等几项工况条件,模型输出为开启喷水集管控制阀门总数设定值。输入量作为案例检索特征,根据案例相似度的计算在案例库进行检索、案例重用、案例修正与案例存储过程,最终得到与当前工况条件匹配的合适的喷水集管控制阀门开启总数的设定值。

1.4 存在的问题

1.4.1 层流冷却过程模型存在的问题

热轧层流冷却过程的机理极为复杂,具有分布参数、强非线性和参数时变等综合复杂特性。目前建立的各种层流冷却过程模型大都是在一定的假设条件下,通过机理分析、现场实验或统计分析得到的,其精度受到特定的现场实验以及实际运行工况的影响。在冷却过程中带钢的温度场受多种因素的影响,特别是工况的影响,很难建立对这些因素全部计及和精确描述的数学模型。现有的带钢轧后冷却过程温度模型主要存在忽略带钢温度动态变化过程、未考虑厚度方向温度梯度、未考虑带钢的运动状态、不能适应变化频繁的工况条件、缺乏自学习能力等问题。

(1)忽略了带钢温度动态变化

热轧带钢冷却过程模型[11,13,18,19]究其本质都是静态模型,主要建立了冷却水量和卷取温度之间的关系,忽略了带钢轧后在整个冷却区内的温度变化过程。而在冷却区内的带钢温度变化过程对于分析带钢在冷却过程中的温度下降速率变化及设计有效的控制策略、获得高质量的带钢有着重要意义。

(2)未考虑带钢厚度方向的温度梯度

层流冷却设备基本上保证了带钢长度和宽度方向的冷却均匀,带钢内部的热传导主要集中在厚度方向。对于中厚带钢,由于快速冷却造成的带钢表面与内部之间的温差在短时间内会很大,从而在厚度方向形成很大的温度梯度。这时如果忽略厚度方向的温度分布,而代之以平均温度,则势必会造成很大的误差,难以准确描述带钢内部真正的温度变化过程。

文[22,23]建立了微分方程,得到了带钢在冷却过程中温度变化过程,然而由于带钢温度模型是一维线性模型,忽略了带钢厚度方向上的温度梯度,模型输出实际上是带钢厚度方向上的平均温度。

(3)未考虑带钢的运动状态

不同于一般的被控对象,热轧带钢层流冷却系统是对处于高速运行状态的带钢逐点进行温度控制,带钢在整个冷却区处于运行状态。喷水集管阀门在辊道上下方均匀分布在约一百多米长的冷却区域内,带钢被控点在不同时刻处于冷却区内不同位置,随喷水集管阀门状态有开闭两种不同状态的变化,带钢表面将发生水冷换热或空冷换热不同的热传导过程。为了精确描述带钢在冷却过程中的温度变化过程,需要计算带钢任一点在任意时刻带钢所在冷却区内的位置,根据该位置的喷水集管阀门状态确定在该时刻带钢发生的换热形式后才能计算带钢在整个冷却区的温度变化过程。

文[29,32,64,19,34,44]从热传导机理出发,建立了带钢厚度方向上的温度分布模型,但没有针对运行状态的带钢给出具体的带钢位置计算算法及喷水集管阀门状态开闭状态的计算方法,只能描述在换热形式确定的条件下的带钢换热过程,不能完全描述带钢在冷却区内的温度变化过程,没有给出完整的层流冷却过程模型。

(4) 不能适应变化频繁的工况条件,缺乏自学习能力

现有的层流冷却过程模型研究成果集中在通过分析带钢内部热传导机理分析进行建模,具有良好的推广性和可靠性[45]。而由于水冷换热系数、热导率的选择忽略了变化工况对关键系数的影响,导致现有冷却过程模型精度难以得到提高。现有的层流冷却模型[11,13,22,24,12,23,32,47,19,31,30,46,18]中水冷换热系数、热导率等关键参数是经过回归实验确定的,在不利用现场实验或实际数据进行修正之前是无法用于实际生产的,且只能适用于有限的带钢速度和初始温度范围内及特定的设备,参数不具备在线自学习的功能,难以适应变化频繁的工况条件。随着辨识技术和智能技术的发展兴起,可以借鉴数据建模技术来改善模型的自学习能力[48,50,49]。

1.4.2 层流冷却过程控制存在的问题

层流冷却过程具有强非线性、参数时变、工况条件变化剧烈、难以采用精确数学模型进行过程描述的复杂工业特性,且由于冷却区的恶劣环境难以逐点装置温度检测仪表使带钢温度难以连续检测,现有的控制方法普遍存在控制精度不高等问题,主要存在操作员不能适应变化频繁的工况条件、严重依赖带钢温度模型精度的问题。

(1) 不能适应变化频繁的工况条件

现有的层流冷却控制方法缺乏对变化工况的自适应能力[51,52,14,41]。由于层流冷却设备的限制经常不能保证稳定的终轧机出口带钢温度,且带钢在冷却

过程中处于加速运行状态,产品需求不同导致带钢的硬度等级、设定的终轧机出位带钢厚度等将发生变化,现有的层流冷却控制方法难以适应这种变化频繁的工况条件,经常需要有经验的操作员干预调整。

大部分中小钢厂采用查询表格策略法及经验模型进行开环设定[22,23],存在的问题是当运行工况超出表格范围或者边界条件发生较大变化时,其控制精度降低,只能通过操作员进行人工干预调整。当工况条件发生频繁变化时,这种人工调整方法常常不能及时调整设定值,而且这种调整在很大程度上依赖于操作员的经验,即使过程控制系统精确跟踪设定值,也难以将卷取温度控制在目标范围内[38]。

(2) 严重依赖带钢温度模型精度

由于层流冷却过程缺乏冷却过程的带钢温度实测值,难以设计闭环控制策略。这类难以实现闭环控制的过程在间歇生产中随处可见,特别是冶金和化学工业中,如使用 DCS(Distributed Control System)的地方,即使在高技术领域中,很多过程如半导体组装中的环氧树脂配方、膜片处理等过程也有类似的特性。现有的控制方法本质上是基于带钢温度模型的控制,这类基于模型的控制策略的前提是有一个能够精确描述带钢温度与冷却水量之间的关系模型,且严重依赖于带钢温度模型的精度。然而多数热轧钢铁工业过程机理都很复杂,经常具有高度非线性、严重耦合、高阶、时变等特性,难以建立精确数学模型描述。

1.5　本书的主要工作

热轧层流冷却过程是热轧生产成品之前的最后一道重要工序,它直接决定了最终产品的带钢组织性能。热轧带钢卷取温度是影响热轧带钢组织性能的关键因素。而热轧带钢的实际卷取温度是否能控制在要求的范围内,则主要取决于精轧机后带钢冷却系统的控制。热轧层流冷却过程具有参数时变、强非线性等综合复杂特性,加之冷却过程中工况变化频繁,冷却过程中带钢温度难以连续检测都增加了其建模与控制的难度。

本书依托(973 项目 No. 2002CB312200)"复杂生产制造过程实时、智能优化与控制理论和方法研究",以提高带钢成品质量为目标,开展了层流冷却过程建模和控制方法研究。提出了热轧带钢层流冷却过程动态模型和层流冷却过程混合智能控制方法。最后利用某钢铁公司热轧带钢层流冷却过程实际运行数据进行实验研究,实验结果表明了所提出的热轧带钢层流冷却过程动态模型和层流冷却过程混合智能控制方法的有效性。本书研究工作具体体现在以下

几个方面:

(1) 进行了层流冷却过程动态模型的研究。针对现有的层流冷却模型只描述了在单个冷却单元下的冷却动态过程,而不能直接计算冷却结束后的卷取温度这一问题,本书提出了由冷却单元阀门开闭状态模型、任意段带钢所处冷却单元位置计算模型、冷却单元下的冷却过程动态模型切换机制、冷却单元下的带钢上表面温度模型组成的带钢卷取温度模型,其中冷却单元阀门开闭状态模型根据喷水控制系统给出的喷水集管阀门开启总数、上下起始阀门开启位置和喷水模式确定每段带钢经过各冷却单元时对应的喷水控制阀门开闭状态;每段带钢所处冷却单元位置计算模型根据带钢进入冷却区的初始速度和设定的加速度计算每段带钢在任意时刻所处冷却区域内的位置;冷却单元冷却过程动态模型切换机制根据阀门开闭状态确定在该冷却单元发生的换热方式;冷却单元带钢上表面温度模型根据确定的换热方式选择具体的水冷或空冷换热模型计算带钢上表面温度。

(2) 针对水冷换热系数和热导率的选择忽略了变化工况对关键系数的影响,导致现有层流冷却模型精度较低这一问题,进行了根据变化的带钢工况条件确定水冷换热系数模型、热导率模型中关键参数的方法研究,特别是进行随每段带钢工况条件的变化确定水冷换热系数模型中比例参数的方法,改进了水冷换热系数和热导率模型,从而提高了带钢卷取温度模型精度。最后,采用国内某大型钢厂实际运行数据进行了模型实验研究,结果表明,与文[34]忽略每段带钢工况条件的变化对水冷换热系数模型的影响的方法相比,采用本书方法改进水冷换热系数模型、热导率模型之后计算的卷取温度与实测卷取温度之间的偏差均方根误差从 11.8 ℃ 下降到 4.2 ℃。

(3) 针对现有的基于表格查询和带钢温度模型的控制方法受限于表格的规模和带钢温度模型精度,不能适应变化频繁的工况条件,导致卷取温度控制精度较低这一问题,进行了层流冷却过程混合智能控制方法的研究。其中喷水集管控制阀门开启总数设定方法由喷水集管阀门开启总数的预设定模型、卷取温度预报模型、预报补偿模型、带钢批次间补偿模型组成。预设定模型根据目标卷取温度、终轧机出口带钢厚度预估值、温度预估值、带钢头部速度预估值计算喷水集管阀门开启总数的预设定值;卷取温度预报模型根据阀门开启总数的设定值预报带钢的卷取温度值;预报补偿模型根据预报卷取温度偏差,结合案例推理技术和常规 PI 调整算法计算喷水集管阀门开启总数的前馈补偿值;带钢批次间补偿模型根据已经冷却后的带钢实测卷取温度与目标卷取温度之间的实际偏差,采用案例推理技术和 PI 迭代学习方法,在不同批次带钢之间进行迭代运算,最终求得使实际卷取温度偏差被控制在一定范围内的喷水集管阀门开启总数批间补偿值。随工况条件的变化,该方法能够自动调整喷水集管阀门开启总数设定值,再将该设定值送给过程控制系统进行任意时刻的喷水控制阀门的开闭状态计算并执行,从而实现冷却水量的调整,保证卷取温度被控制在目标温度范围内。

(4) 基于本书提出的层流冷却过程模型和控制方法,设计开发了虚拟对象仿真软件和设定控制软件,并将开发的软件与现有的由设定控制计算机、过程控制系统[包括 PLC(Programmable Logic Controller)控制系统和过程监控系统]、仪表与执行机构虚拟装置、虚拟对象计算机组成的分布式仿真实验平台相集成,建立了层流冷却过程控制仿真实验系统。并在该实验系统上进行了本书提出的混合智能控制方法的实验研究,结果表明,与国内某大型钢厂现有控制方法相比,采用本书方法使实际卷取温度偏差被控制在 ±10 ℃ 的命中率从42.9%提高到84.1%,均方根误差由 21.1 ℃ 下降为 8.21 ℃。

第 2 章　热轧带钢层流冷却过程特性分析

热轧带钢层流冷却过程是一个复杂的换热过程,工况条件经常发生变化,冷却过程中产生大量高温水汽造成难以连续检测得到精确的带钢温度变化。带钢在冷却过程中发生复杂的换热过程,增加了层流冷却过程建模和控制难度。本章在 2.1 节对热轧带钢层流冷却系统的设备和工艺过程进行了描述,在 2.2 节阐述了建立层流冷却动态过程模型的重要性,在 2.3 节通过进行过程特性分析说明了层流冷却过程建模和控制的难度,在 2.4 节对现有的模型中存在的问题进行了描述。

2.1　层流冷却系统的设备与工艺过程描述

层流冷却工艺是现代钢铁工艺通过改变轧后的冷却条件来改善带钢的组织和性能,采用控制冷却技术在不降低韧性的情况下,提高带钢强度和质量的过程[3,4]。从喷嘴喷出的水落到钢材上分为冲击区与非冲击区,在冲击区及其扩展区的水为层流或准层流状态,这足以使钢材和水之间处于较好的热交换状态,其换热系数可达到 105 W/(m² · ℃) 的数量级,而非冲击区由于产生了蒸汽膜,热交换效率显著下降,换热系数仅为 102 W/(m² · ℃) 的数量级[55,56]。上部和下部的冷却水直接冲击带钢表面产生强制加速冷却,在冷却过程中的传热过程主要包括:静止空气中的对流和辐射,水流冲击区的强制对流沸腾,平行流动区的强制对流薄膜沸腾,以及带钢与输送辊之间的热传导。一般普遍认为,在水流的下方和几倍水流宽度的扩展区域内,传热方式为单相强制对流,在这个区域,水流的冷却效率很高,表面温度较低,不产生沸腾。由于层流冷却形成的柱状水流以比喷射水流大得多的动能冲击到钢板表面,能击破蒸汽膜,可以形成核状沸腾,而不仅是膜状沸腾,核状沸腾的传热系数比单纯的膜状沸腾大得多,层流水冲击钢板后水的飞溅少,围绕冲击区形成层流扩展区,因此,层流冷却具有较强的冷却能力[57,58,59,60]。

热轧层流冷却设备主要分为柱状层流冷却和幕状层流冷却两种,使用的冷却设备分别为集管和水幕。在克虏伯公司波鸿厂的宽带钢热轧机上,在输出辊道上对带钢的集管层流冷却、水幕冷却和喷射冷却系统进行了对比研究[61],如图 2-1 所示,由于集管层流冷却的虹吸管数量很多,排列紧密,带钢表面上的水层时刻可以更新,并且沿输出辊道每隔一段距离设置一定数量的侧喷头,将滞留在带钢表面上的水冲掉,所以冷却效果很好。最后的结论是水幕冷却系统具有最高的比冷却特性[62],但缺点是对带钢上、下表面和整个冷却区长度冷却不够均匀;喷射系统的比冷却特性最低,且带钢上、下表面的冷却差别很显著;集管层流冷却系统的比冷却特性只比水幕稍低,但它能对带钢上、下表面及长度方向上进行均匀冷却。

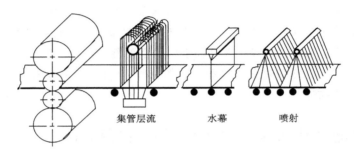

图 2-1　三种换热方式

由于层流冷却装置的上述优点,大部分热轧机上安装有轧后冷却装置。目前许多国家都采用层流冷却技术来处理输油管道钢板、输气管道钢板,高强度、低合金、高韧性钢板以及造船板、桥梁板和压力容器板等。有关热轧双相钢控制轧制和控制冷却的基本理论研究,在日本开展得非常迅速。我国上海宝钢有限公司从德国引进 2 050 mm 和从日本引进 1 580 mm 的生产线,在采用了集管层流冷却系统后,设备运行稳定,卷取温度精度较高。

一个典型的热轧带钢集管层流冷却工艺流程如图 2-2 所示。离开最后一个精轧机架(终轧机)的带钢在输出辊道加速运行,经过冷却前的初始运行速度及初始温度的检测后进入强制水冷区域,冷却区域分为主冷区和精冷区。带钢前行冷却时,高位水箱中冷却水进入辊道上、下方的喷水集管喷射到带钢上、下表面进行强制水冷。带钢运行经过冷却区域内各阀门区域时,喷水控制系统根据带钢的硬度等级、带钢厚度、运行速度等工况条件,控制冷却区内的各集水管路上的气动薄膜阀的开闭状态,进而控制落在带钢表面的冷却水量,最终使带钢冷却结束后的卷取温度被控制在一定范围内,被卷取机咬入卷取后为成品。

整个层流冷却系统根据功能划分可以分为供水系统、喷水系统、速度系统、

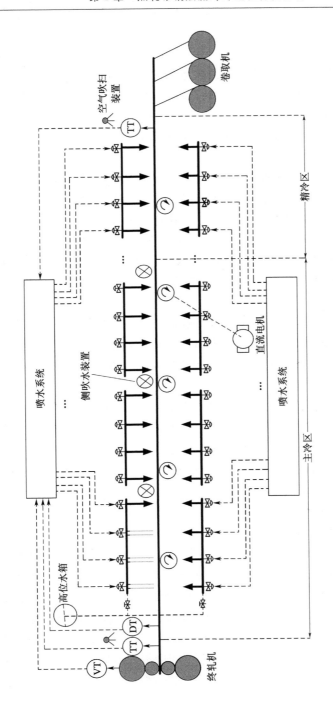

VT—脉冲计数器；TT—温度检测仪；DT—厚度检测仪。

图 2-2　热轧带钢集管层流冷却过程工艺流程图

侧吹水及空气吹扫装置等。

（1）供水系统

供水系统的功能是为层流冷却总集水管提供低压力、稳定流量的冷却水。冷却区的冷却水从高位水箱通过供水总管流入总集水管，再流入辊道上、下集水管为集管供水，要求流入喷水集管的水量和水压相对稳定。高位水箱还要为冷却区内的侧喷水、辊道的冷却水提供水压和流量稳定的冷却水。

（2）喷水系统

喷水系统包括上、下喷水集管设备。上、下喷水集管设备实现层流冷却过程的喷水控制，包括上部层流和下部喷射装置。上喷水装置共有 R 根集管，每根集管上设有大量的鹅颈虹吸管。每根集管管路上连接一个气动薄膜阀和滑板式截止阀，根据目标温度和冷却区入口位置带钢温度、带钢厚度和运行速度，利用计算机或手动控制该薄膜阀来单独控制每根集管的给水或关闭，调整带钢在冷却区内的冷却水量达到控制带钢温度的目的。滑板式截止阀供检修时常闭使用。

下部喷射装置设置了 $3R$ 根集管，每根集管上设有大量的小喷水管，每3根集管连接一个气动薄膜阀，同时控制每3根集管的给水或关闭。当控制阀门打开给水时，喷水管中喷出的低压冷却水呈扇形喷射到带钢下表面。

（3）速度系统

速度系统包括辊道传送皮带、直流电机、卷取机卷取马达等。通过控制直流电机的速度控制传送皮带的运行的速度，带动辊道向前运行达到控制带钢运行速度的目的。卷取机的卷取速度与带钢运行速度要达到同步要求。冷却区的辊道电机速度根据带钢厚度、带钢温度等采用传统的 PID 控制方法实现由精轧机给出的辊道速度设定值，带钢速度由终轧机架上安装的脉冲计数器检测获得。

（4）侧吹水和空气吹扫装置

侧吹水和空气吹扫装置都是用来辅助冷却的。侧吹水水嘴安装在每个喷水架后面，利用高压侧吹水清扫带钢上表面的滞留水，使冷却水不断更新带走大量的热量，提高冷却效率，避免冷却水在带钢表面形成二次冷却及汽膜。每个侧吹水嘴的供水管路中均安有气动薄膜阀和截止阀，控制侧吹水管路的供水。在带钢冷却过程中，气动薄膜阀处于常开状态。截止阀供检修时常闭使用。冷却区的入口和出口测温仪位置安装了压缩空气吹扫装置，吹扫测温区的氧化铁皮、水汽和残留水，以便于准确地测量带钢温度。在带钢冷却过程中，空气吹嘴处于开吹状态。

2.2 层流冷却动态过程建模的重要性

热轧层流冷却过程模型的研究一直是钢铁企业研究重点,它不仅推动了传热理论的发展和完善,而且是建立层流冷却过程控制实验系统中被控对象模型的基础。从热轧层流冷却过程控制的角度来讲,是基于模型的控制的基础,为带钢卷取温度的预报模型和冷却水量的设定计算提供算法原型,因而在层流冷却控制系统设计中具有至关重要的作用。

由于复杂的控制算法难以直接在冷却装置上进行验证,为降低实验成本并且满足反复实验的要求,有必要设计和开发相应的实验平台[68]。为了进一步使带钢卷取温度的控制达到更高的精度,提高带钢产品质量,并生产出新品种带钢、扩大带钢生产的范围,各种控制算法和过程模型在应用于现场之前,必须首先进行反复验证,确定其有效性和准确性。如果在实际的冷却装置上进行工业实验,不仅代价高而且在线调试周期长,存在人员和设备的危险,同时还可能会造成实验产品质量的缺陷。而物理实验昂贵、实验设备难于制造。因此在实验室里建立层流冷却过程控制实验系统对研究和改进控制方法具有重要的意义,而实验系统中采用的对象模型需要尽量真实地模拟实际的层流冷却过程,才能使在此实验系统中进行的控制方法研究有实际参考价值。因此,建立一个准确描述层流冷却过程的动态模型是搭建实验系统的首要环节。

由于层流冷却过程产生许多高温气体,环境恶劣,难以在冷却区域内逐点装置合适的检测设备对带钢温度进行连续准确的检测,且当带钢上任一点到达卷取机前的卷取温度计时,该点及其后相当长一段带钢的受控冷却过程实际已经结束,因此,需要根据当前时刻设定的喷水集管控制阀门开启总数对未来时刻的卷取温度进行预报,再根据卷取温度预报值设计有效的控制策略[69],而层流冷却动态过程模型为卷取温度预报模型提供模型基础,对进行与带钢质量相关的卷取温度控制有着重要意义。

设计层流冷却控制策略时,为了达到工艺要求的目标卷取温度(冷却结束后在卷取机前的带钢上表面温度),需要合理确定冷却区域内需要打开的喷水集管控制阀门开启总数,即确定带钢在冷却区内的冷却水量。因此,需要建立喷水集管控制阀门开启总数和带钢卷取温度之间的关系模型。如果能够建立层流冷却动态过程模型,就能描述带钢卷取温度与喷水集管控制阀门开启总数之间的关系,只要将这个模型进行逆运算即可得到喷水集管控制阀门开启总数与带钢卷取温度之间的关系,进行喷水集管控制阀门开启总数的控制变量给定计算,因此,层流冷却动态过程模型对进行有效层流冷却控制策略有着重要意义。

综上所述,建立层流冷却动态过程模型为实验系统提供被控对象模型、卷取温度预报模型和设计有效控制策略均有重要意义。

2.3 层流冷却过程特性分析

轧后冷却过程是一个复杂的工业控制过程,在冷却过程中发生多种不同类型的热交换过程,带钢不仅和冷却水发生热交换,还和周围空气发生对流换热,此外还有带钢与辊道的热传导、带钢内部的热传导过程等[72],这些原因导致了带钢温度变化特性异常复杂。现场轧机实验表明,不论辊道表面温度如何变化,带钢温降不变,即带钢与辊道的热传导效果与水冷换热、辐射传热相比非常小,所以有理由认为在层流冷却过程主要发生水冷换热、空冷换热、带钢内部的热传导过程,下面进行水冷换热、空冷换热及带钢内部热传导过程的特性分析。

(1)水冷换热过程特性分析

水冷换热与带钢的材质、带钢温度、厚度、速度、冷却水的水量、水压、水温及水流运动形态、冷却装置的设备工况等多种因素有关,同时水冷换热系数与喷水强度、带钢速度、带钢表面温度及喷嘴的布置等因素有关[82,81]。水冷换热过程实际是内部分子的热运动的过程,而物质的分子热运动与具体的导温材料类型、材料温度相关。不同硬度等级的带钢内部组织结构不同,具有不同的热运动形式,所以水冷换热过程与带钢硬度等级和带钢温度相关。另外,从喷嘴喷出的水落到钢材上形成的冲击区的层流和与非冲击区的蒸汽膜与带钢运行速度相关,层流的水冷换热系数非常高,而蒸汽膜的热交换效率要低得多,因此,带钢运行速度是影响水冷换热过程的重要影响因素。从本质上说,温差是引起热扩散的根本驱动力,带钢表面温度和冷却水之间的温差影响水冷换热效率,而带钢表面温度与带钢厚度方向上的温度梯度相关,因此,带钢水冷换热过程与带钢厚度有着密切关系。

带钢与冷却水之间的水冷换热系数表征了水冷换热过程特性,由上述分析可以看出水冷换热系数与影响因素之间的关系 f_w 可以表达为下面的函数[82,81]:

$$h_w = f_w(G, F_d, l, \rho_w, \mu, c_p, \lambda, v, g\beta\Delta T) \tag{2-1}$$

其中,G 为硬度等级;F_d 为带钢厚度;l 为传热面的特征尺寸;ρ_w 为冷却水的密度;μ 为冷却水的黏度;c_p 为带钢密度;λ 为热导率;β 为体积膨胀系数;ΔT 为带钢表面温度与冷却水的温差;v 为带钢运行速度;$g\beta\Delta T$ 为单位质量冷却水的升力；f_w 代表了水冷换热系数与影响因素之间的复杂关系，现有文献通过各种水冷实验和经验给定等方法试图确定 f_w 的具体形式，例如文[126,127]考虑了带钢速度、厚度、温度，冷却水流量对水冷换热系数的影响，给出如下的水冷对流换热系数 h_w：

$$h_w = \alpha_k \left(\frac{v}{v_0}\right)^{\alpha_v} \left(\frac{F_d}{d_0}\right)^{\alpha_d} \left(\frac{F_T}{T_0}\right)^{\alpha_T} \left(\frac{q}{q_0}\right)^{\alpha_q} \tag{2-2}$$

其中，v 代表带钢的运行速度；F_d 代表带钢在终轧机出口厚度；F_T 代表带钢终轧机出口温度；q 代表每个阀门的喷水流量；v_0、d_0、T_0、q_0 代表带钢的基准速度、基准厚度、基准温度和基准阀门流量；α_k、α_d、α_v、α_T、α_q 是与特定的冷却设备有关的常数，根据大量的运行数据利用回归技术确定其具体值。

（2）空冷换热过程动态特性分析

在自然空冷条件下，影响空冷的因素包括辐射、对流和与辊道的热传导，这些因素中，对流的效果很小，可以忽略不计，且辊道的热传导效果也很小，因此辐射传热是影响空冷换热最主要的因素[17]。斯蒂芬-玻尔兹曼定律[85]揭示了黑体在单位时间放出的热辐射热量和温度的四次方成正比，因此带钢的空冷换热过程与带钢温度密切相关。除此之外，带钢运行速度决定了热交换时间，因此，带钢运行速度也是影响空冷换热的因素。

（3）带钢内部导温过程的特性分析

带钢的上、下表面受到冷却水的强制对流换热的影响，表面温度迅速大幅度降低，而带钢内部温度下降速度低于带钢的表面，因此在带钢的厚度方向上不可避免地形成温度梯度。温度梯度的存在导致带钢内部发生热传导过程，热传导的作用是使带钢内部温度趋于均匀一致，热量在带钢内部传导过程中，一部分被带钢存储起来使带钢温度升高，一部分被带钢继续传导至带钢其他地方，使带钢各点温度一致。温度越高，带钢传导热量的能力就越强于存储热量的能力，热量经过带钢内部各点时，被沿途吸收能利用于温度升高的量就越少，余下的大部分能量向带钢内部继续以热传导的方式传递，使带钢内部在较短时间内温度趋于一致。

导温系数的大小反映了介质均衡温度的能力，受带钢温度的影响。而热导率反映的是介质传导热量的能力，是导温系数与其热容量之积，即 $\lambda = s \cdot \rho c_p$，热容量指单位体积的带钢温度升高 1 ℃所需的能量。带钢热导率与带钢的组成、结构、温度、湿度、压强以及聚集状态等许多因素有关[81]。由于带钢运行速度改变了热量传递的时间，同时改变了带钢温度，使带钢内部热传导过程更为复杂，带钢的热导率受带钢运行速度的影响。对于大多数固体，热导率与温度

大致呈线性关系,即

$$\lambda = \lambda_0 + (1 + cH) \qquad (2\text{-}3)$$

其中 λ 代表带钢热导率;λ_0 代表带钢在 0 ℃时的热导率;c 代表温度比例系数;H 代表带钢的温度。

不同于其他被控对象,热轧带钢层流冷却过程是对运行状态的带钢进行喷水冷却控制,带钢的运行速度的变化使带钢换热动态过程特性更为复杂,主要体现在下面两个方面:

① 运行速度的非线性变化增加带钢换热过程的非线性变化特性

带钢的运行时间决定了热量交换的时间,影响了带钢与冷却介质之间的热量交换;带钢的运行速度影响了换热特性、带钢内部导热特性等,随着带钢运行速度的非线性变化使带钢换热过程和热传导过程随之具有非线性变化的复杂特性。

② 带钢在不同时刻处于冷却区域内不同位置增加了建模和控制难度

由于带钢始终处于运行状态,带钢上同一点在不同时刻带钢运行至冷却区域内不同位置,随着阀门开闭状态的不同,带钢上、下表面发生不同的换热过程。而同一时刻,带钢上不同点处于冷却区内不同阀门位置下,带钢上不同点将发生不同的换热过程,带钢的运动状态增加了建模和控制的难度。

2.4　现有层流冷却动态过程模型存在问题

现有的层流冷却过程模型虽然给出了水冷和空冷换热模型,但是没给出确定各冷却单元下水冷和空冷换热方式的方法,且由于带钢处于运行状态,在不同时间将处于不同的冷却单元,现有模型未给出每段带钢在任意时刻所在冷却区位置的计算方法,很难利用其计算带钢卷取温度。此外,水冷换热系数和热导率的选择忽略了变化工况对其关键系数的影响,导致现有层流冷却过程模型精度较低。下面从带钢卷取温度模型组成和水冷换热系数等参数确定方法两个方面具体叙述存在的问题。

(1)带钢卷取温度模型组成问题

文[64]提出的层流冷却过程模型考虑了带钢厚度方向上的温度梯度,在厚度方向上均匀分层,建立了厚度方向上的节点温度方程,并用模型顶层节点在卷取时刻的温度作为卷取温度,降低了由于厚度方向上的温度梯度带来的卷取温度的计算偏差。文[44,34]在文[64]的研究基础上,具体给出了差分方程形式的冷却过程带钢温度动态模型。

然而由于层流冷却过程的被控对象——带钢处于运动状态,不同时刻将处于不同冷却区域,而不同冷却区域的喷水集管控制阀门开闭状态不同,将发生水冷或空冷不同的换热过程,因此,在不同时刻应该采用不同的换热方式条件下的模型(水冷或空冷)。文[64]和文[34,44]虽然给出了带钢温度模型,却没有给出在时刻 t 确定带钢所处冷却单元的位置的方法和确定各冷却单元下空冷、水冷换热方式的方法,难以利用现有模型计算带钢卷取温度。

(2) 水冷换热系数和热导率确定方法存在的问题

① 水冷换热系数

冷却过程中主要发生强制水冷换热过程,因此正确确定换热系数对提高冷却过程模型的精度有着非常重要的意义。通过 2.3 节的水冷换热特性分析可知,水冷换热与带钢的材质、带钢温度、厚度、速度、冷却水的水量、水压、水温及水流运动形态、冷却装置的设备工况、喷水强度、带钢速度、带钢表面温度及喷嘴的布置相关。首先对带钢进行等时分段,再对冷却区进行冷却单元(辊道上下方对称的一对喷水集管区域)的划分,从而将水冷换热系数精确到每段带钢在每个冷却单元下的值,具体定义借鉴文[56]通过实验确定的水冷换热系数 $h_w^i(t)$ 的公式(2-2),具体修正为如下形式:

$$h_w^i(t)=\left[2-\left(\frac{r+1-N_{top}}{11}\right)^{0.12}\right]\frac{\alpha_k}{100}\left(\frac{v_{r-1}^i}{v_0}\right)^{\alpha_v}\left(\frac{F_d}{d_0}\right)^{\alpha_d}\left(\frac{H^i(t)}{T_0}\right)^{\alpha_T} \qquad (2\text{-}4)$$

其中 $h_w^i(t)$ 代表第 i 段带钢在冷却单元下的水冷换热系数;r 代表当前时刻第 i 段带钢所在冷却单元序号;v_{r-1}^i 为第 i 段带钢离开第 $r-1$ 个冷却单元的运行速度;N_{top} 代表上起始打开阀门位置;$H^i(t)$ 代表 t 时刻第 i 段带钢温度;F_d 代表终轧机出口的带钢厚度。v_0、d_0、T_0 代表带钢的基准速度、基准厚度、基准温度。α_k、α_d、α_v、α_T 是与特定的冷却设备和带钢类别有关的常数,即在同一带钢硬度等级、同一终轧机出口带钢厚度范围、同一目标卷取温度范围的带钢中该系数为常数,利用回归技术确定其具体值并存储到表格中通过查询表格的方法确定。

通过回归技术拟合参数 α_k、α_d、α_v、α_T 时发现拟合误差较大且很难使其下降,与影响因素公式(2-1)相比,可以看出,公式(2-4)只考虑了主要影响因素,还有其他相关因素未被考虑,因此造成了固有误差。实际上,参数 α_k、α_d、α_v、α_T 随带钢硬度等级、厚度、温度和速度的变化而变化,即

$$[\alpha_k(t),\alpha_d(t),\alpha_v(t),\alpha_T(t)]=f_h\{G,F_d,v(t),H^i(t)\} \qquad (2\text{-}5)$$

因此文[34,44]以带钢离开终轧机的温度、速度、厚度和运行速度作为基准值 $\left[\left(\frac{F_d}{d_0}\right)^{\alpha_d}\approx1\right]$,考虑终轧机出口工况条件的变化对参数 α_k、α_v、α_T 的影响,修正公式(2-4)为

$$h_w^i(t) = \left[2 - \left(\frac{r+1-N_{top}}{11}\right)^{0.12}\right] \frac{f_{\alpha_k}(G,F_d,F_v,F_T)}{100} \left(\frac{v_{r-1}^i}{F_v}\right)^{f_{\alpha_v}(G,F_d,F_v,F_T)} \left(\frac{H_{(t)}^i}{F_T}\right)^{f_{\alpha_T}(G,F_d,F_v,F_T)}$$

$$(2-6)$$

即认为换热系数 α_k、α_v、α_T 是与带钢硬度等级 G、终轧机出口带钢温度 F_T、厚度 F_d 和速度 F_v 之间的函数关系 $f_{\alpha_k}(\cdot)$、$f_{\alpha_v}(\cdot)$、$f_{\alpha_T}(\cdot)$，并采用案例推理技术描述函数关系。

从上述分析可以看出，由于每段带钢在不同时刻温度和运行均发生变化，因此 α_k、α_v、α_T 实际上在不同时刻值是不同的，而文[64]的方法对带钢分类进行参数定义时分类过于粗糙，忽略了同一类带钢的温度和速度的变化对参数的影响，且缺乏参数自学习功能，适用于表格固定工况范围的情况，当工况条件超出参数表格时由于找不到相应的参数值使带钢温度模型无法使用。文[34,44]虽然给出了参数随工况条件变化自动调整的方法，但没有考虑到同一条带钢的温度和速度的变化对参数的影响。

② 热导率

通过 2.3 节的内部热传导过程特性分析可知，热导率与带钢材质、温度、厚度、运行速度相关。文[64]考虑了带钢速度和温度的影响给出第 i 段带钢热导率 $\lambda^i(t)$ 公式如下

$$\lambda^i(t) = 56.43 - \{0.036\ 3 - \alpha_c[v_{r-1}^i - \alpha_{vd}]\} \times H^i(t) \tag{2-7}$$

其中 $H^i(t)$ 代表 t 时刻带钢温度；v_{r-1}^i 为第 i 段带钢离开第 $r-1$ 个冷却单元；α_c、α_{vd} 在同一类带钢中固定为常数。文[34,44]考虑每条带钢工况条件对参数的影响，通过案例推理技术建立了参数 α_c、α_{vd} 硬度等级 G、终轧机出口带钢温度、带钢厚度和速度之间的函数关系，即

$$\alpha_c = f_c(G,F_d,F_v,F_T)$$
$$\alpha_{vd} = f_{vd}(G,F_d,F_v,F_T) \tag{2-8}$$

文[64]的方法忽略了同一类带钢的温度和速度的变化对参数的影响，且缺乏参数自学习功能。文[34,44]虽然给出了参数随工况条件变化自动调整的方法，但没有考虑到同一条带钢温度和速度的变化对参数的影响。

2.5 小结

本章首先对热轧带钢层流冷却系统的设备和工艺过程进行了描述，阐述了建立层流冷却动态过程模型的重要性，通过进行过程特性分析说明了层流冷却过程建模的难度，最后，对现有的模型中存在的问题进行了描述。

第3章　热轧带钢层流冷却动态过程的建模方法

　　本章将在上一章节内容基础上进行热轧带钢层流冷却动态过程的建模方法研究。由于带钢冷却过程极其复杂,因受冷却过程中高温水汽的影响,冷却区中难以逐点对运行状态的热轧带钢温度进行连续检测,且冷却过程换热机理复杂、水冷换热系数等热物性参数随工况条件的变化而非线性变化,难以建立精确的层流冷却过程模型。现有的层流冷却模型只描述了在单个冷却单元下的冷却动态过程,不能直接计算冷却结束后的卷取温度,而且其水冷换热系数和热导率的选择忽略了变化工况对关键系数的影响,导致现有层流冷却模型精度较低。

　　本书在文[64]和文[34]的研究基础上,给出了带钢在任意时刻所处喷水集管阀门位置的计算方法及通过阀门开闭状态确定换热方式的方法,与现有的水冷、空冷换热模型组成了完整的层流冷却动态过程模型,给出了计算带钢卷取温度的方法。此外,给出了根据变化的带钢工况条件的确定水冷换热系数模型、热导率模型中关键参数的方法,特别是给出了随每段带钢的工况条件的变化确定水冷换热系数模型中比例参数的方法,改进了水冷换热系数和热导率模型,从而提高了带钢卷取温度模型精度。最后采用国内某大型钢厂实际运行数据进行了模型实验研究,结果表明,与文[34]忽略每段带钢工况条件的变化对水冷换热系数模型的影响方法相比,采用本书方法改进水冷换热系数模型、热导率模型之后计算的卷取温度与实测卷取温度之间的偏差均方根误差从 11.8 ℃下降到 4.2 ℃。

　　本章的结构组织如下:首先在 3.1 节给出了建模策略,3.2 节具体给出了由冷却单元阀门开闭状态模型、第 i 段带钢所处冷却单元位置计算模型、冷却单元下的冷却过程动态模型切换机制、第 i 段带钢在第 r 个冷却单元下的带钢上表面温度模型组成的带钢卷取温度模型算法和模型参数智能估计方法;最后在 3.3 节进行了层流冷却过程模型的实验研究。

　　本章涉及的变量定义见表 3-1(字母顺序)。

表 3-1   **变量定义**

变量符号	变量名称
$a_1 \sim a_5$	带钢在 5 个运行阶段的加速度
F_d	终轧机出口带钢厚度
F_T	终轧机出口带钢温度
F_v	终轧机出口带钢头部速度
$f_{cm}^r(\cdot)$	第 r 个冷却单元对应的冷却过程模型
G	带钢硬度等级
H	带钢温度
H^i	第 i 段带钢温度
H_j^i	第 i 段带钢第 j 个厚度节点温度
$h_{w,top}$	带钢上表面水冷换热系数
$h_{w,bottom}$	带钢下表面水冷换热系数
$h_{w,top}^i$	第 i 段带钢上表面水冷换热系数
$h_{w,bottom}^i$	第 i 段带钢下表面水冷换热系数
$h_{e,top}$	带钢上表面空冷换热系数
$h_{e,bottom}$	带钢下表面空冷换热系数
$h_{e,top}^i$	第 i 段带钢上表面空冷换热系数
$h_{e,bottom}^i$	第 i 段带钢下表面空冷换热系数
i	带钢段号
j	带钢厚度节点号
U_{main}	主冷区喷水集管控制阀门开启总数
U_{accu}	精冷区喷水集管控制阀门开启总数
N_{top}	上起始阀门开启位置
N_{bottom}	下起始阀门开启位置
r	冷却单元序号
s	导温系数
s_j^i	第 i 段带钢第 j 个厚度节点的导温系数
t_f	带钢离开终轧机时刻
t_0	带钢头部进入冷却区时刻

表 3-1(续)

变量符号	变量名称
t_c	带钢头部到达冷却区出口时刻
T_c	带钢卷取温度
T_c^i	第 i 段带钢卷取温度
T_w	冷却水温度
T_e	周围环境温度
T_g^*	目标卷取温度
v_{aft}	经过第二个加速运行阶段后应该达到的速度
v_{max}	带钢运行最高速度
v_{throw}	最高抛钢允许速度
v_r^i	第 i 段带钢离开第 r 个冷却单元时的速度
$_r w_{top}^i$	第 i 段带钢经过第 r 个冷却单元时辊道上方阀门状态
$_r w_{bottom}^i$	第 i 段带钢经过第 r 个冷却单元时辊道下方阀门状态
y^i	第 i 段带钢上表面温度模型输出
α_k^i	第 i 段带钢水冷换热系数公式中未知比例参数
α_v^i	第 i 段带钢水冷换热系数公式中未知参数
α_T^i	第 i 段带钢水冷换热系数公式中未知参数
α_{dv}	热导率中未知系数
α_c	热导率公式中未知比例系数
$\Delta \overline{T}$	对带钢等时分段采用的时间步长
Δt_r^i	第 i 段带钢进入冷却区入口到离开第 $r-1$ 个冷却单元经历的时间
χ_T^i	第 i 段带钢在冷却区入口实测温度
χ_v^i	第 i 段带钢在冷却区入口实测运行速度
λ	带钢导热率
λ_{top}^i	第 i 段带钢上表面热导率
λ_{bottom}^i	第 i 段带钢下表面热导率
π	喷水模式
$\Delta \tau$	带钢温度模型计算时采用的时间差分步长
τ^i	第 i 段带钢在整个冷却区的滞留时间

3.1　建模策略

3.1.1　关于层流冷却动态过程建模的几点考虑

建立层流冷却动态过程模型的目的是建立经过强制冷却后的卷取温度模型。进行层流冷却过程建模之前,首先需要对带钢进行长度方向上的分段和厚度方向上的分层处理,其次对冷却区域需要划分最小冷却单元,具体如下。

(1) 带钢长度方向上的分段处理

由于国内生产条件的限制不能保证稳定的终轧机出口带钢温度,且为了提高产量和减少热量损失,带钢在整个轧制线上是加速运行过程,因此,即使对于同一条带钢而言,带钢温度和运行速度在一定范围内波动。为了减少这种波动对带钢温度模型的影响,在冷却区入口和出口位置对带钢需要进行分段处理,假设段内温度均匀分布。借鉴真实层流冷却系统中等时划分带钢段的做法,即将在冷却区域入口位置和出口位置每隔 $\Delta \overline{T}$ 的时间内带钢经过的距离定义为一段带钢的长度,用变量 $i(i=0,1,\cdots,I)$ 表示段号,带钢在 $\Delta \overline{T}$ 时间内带钢温度和运行速度的变化可以忽略,经过带钢分段处理后,带钢卷取温度模型就转化为每段带钢卷取温度模型。

(2) 厚度方向上的分层处理

卷取温度是带钢上表面温度,由于带钢厚度方向存在温度梯度,如果采用厚度方向的平均温度作为带钢卷取温度输出势必存在偏差。为了提高卷取温度的计算精度,在带钢厚度方向上将带钢均匀划分为 J 层,用变量 $j(j=0,1,\cdots,J)$ 表示厚度节点,用顶层节点即"0"节点温度表示带钢卷取温度后,将减少由厚度方向温差梯度带来的卷取温度计算误差。

经过上述在长度方向上分段和厚度方向上分层处理后的带钢如图 3-1 所示。

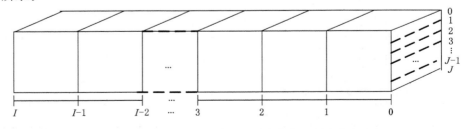

图 3-1　带钢长度方向上分段和厚度方向上厚度节点定义

（3）冷却区域的冷却单元划分

随着冷却区内的喷水阀门控制状态不同,带钢在不同阀门下发生水冷或空冷的换热方式,为了降低建模难度,将辊道上、下对称的一对喷水集管区域定义为一个冷却单元,根据阀门的开闭状态可以确定在该冷却单元下发生的水冷或空冷换热方式,并以冷却单元为最小冷却单元进行建模研究。冷却单元序号定义采用图 3-2 所示的方法,用变量 r 表示,$r=0,1,\cdots,R$,其中序号为“0”的冷却单元代表终轧机到第一个喷水集管之间的区域,序号为“R”的冷却单元为冷却区最后一个喷水集管位置到卷取机之间的区域,中间序号的冷却单元代表辊道上下方一对喷水集管对应的区域。

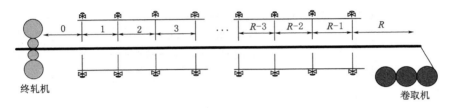

图 3-2　冷却区内的冷却单元序号定义

如图 3-3 所示,带钢在实际层流冷却系统中的冷却单元下只能发生上下水冷、上下空冷、上水冷下空冷三种换热方式。如果冷却单元对应的上下喷水集管控制阀门均打开,带钢上下表面均与冷却水换热则为上下水冷方式;如果冷却单元对应的上下喷水集管控制阀门均关闭,带钢上下表面均与周围环境换热则为上下空冷方式;如果辊道上部集管阀门打开,带钢上表面与冷却水换热,而辊道下表面对应的集管阀门关闭,带钢下表面与围环境换热,则为上水冷下空冷方式。

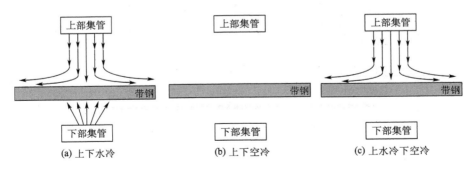

图 3-3　冷却单元对应的三种换热方式

对带钢进行分段、冷却区域划分单元后,带钢在不同时刻所在位置计算就

转化为计算第 i 段带钢任意时刻所在冷却单元序号 r 的计算；每段带钢在每个冷却单元具体采用何种换热模型（水冷或空冷换热模型）由对应喷水集管控制阀门的开闭状态确定的换热方式决定。层流冷却动态过程模型输出可以表示为每段带钢经过强制水冷后的带钢卷取温度 $y^i(t_0+i\Delta\overline{T}+\tau^i)$ $(i=0,1,2,\cdots,$ $I)$。第 i 段带钢温度在时间和空间上的变化如图 3-4 所示，第 i 段带钢进入冷却区的时刻是 $t_0+i\Delta\overline{T}$，初始温度为 $\chi_{\text{T}}(t_0+i\Delta\overline{T})$，该段在整个冷却区的冷却时间为 τ^i，则求该段带钢经过时间 τ^i 的冷却后的卷取温度 $y^i(t_0+i\Delta\overline{T}+\tau^i)$，可以通过冷却区域内各冷却单元下的对应的模型 f_{cm}^r $(r=0,1,2,\cdots,R)$ 的递推计算获得该段带钢冷却结束后的卷取温度。

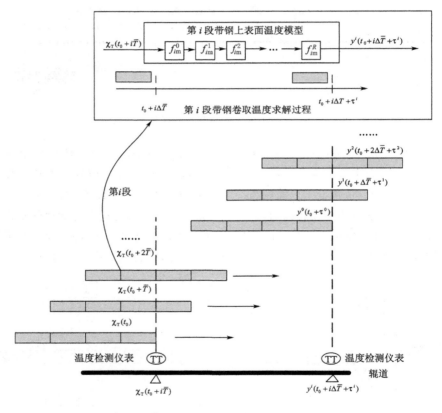

图 3-4　带钢卷取温度在时间和空间上的变化

第 i 段带钢温度和作用于第 i 段带钢上的冷却水量直接相关，且冷却水量取决于作用于第 i 段带钢的主冷区、精冷区的喷水集管控制阀门开启总数 U_{main}

和 U_{accu}、上下起始打开阀门位置 N_{top}、N_{bottom} 及喷水模式 π,因此第 i 段带钢卷取温度模型的输入输出可采用下式表示

$$y^i(t_0+i\Delta\overline{T}+\tau^i)=f_{cm}\{U_{main}(t_0+i\Delta\overline{T}),U_{accu}(t_0+i\Delta\overline{T}),N_{top}(t_f),N_{bottom}(t_f),$$
$$\pi(t_f),G(t_f),F_T(t_f),F_v(t_f),F_d(t_f),\chi_T(t_0+i\Delta\overline{T}),$$
$$\chi_v(t_0+i\Delta\overline{T}),a_1(t_f)\sim a_5(t_f),v_{afw}(t_f),v_{max}(t_f),v_{throw}(t_f)\}$$

$$(3-1)$$

其中 $U_{main}(t_0+i\Delta\overline{T})$,$U_{accu}(t_0+i\Delta\overline{T})$代表控制系统在 $t_0+i\Delta\overline{T}$ 时刻给出的喷水集管控制阀门开启总数,如果控制周期与带钢等时分段的周期相同,则在第 i 个周期给出喷水集管控制阀门开启总数恰好对应第 i 段带钢;$N_{top}(t_f)$、$N_{bottom}(t_f)$代表上、下打开阀门起始位置;$\pi(t_f)$代表喷水模式;G 代表带钢硬度等级;$F_T(t_f)$,$F_v(t_f)$,$F_d(t_f)$代表终轧机出口时刻 t_f 带钢温度、带钢头部运行速度和带钢厚度;$\chi_T(t_0+i\Delta\overline{T})$、$t_0$ 代表带钢头部进入冷却区的时刻;$\overline{T}$ 代表等时分段采用的时间步长;τ^i 代表第 i 段带钢在冷却区内的时间;f_{im} 代表某段带钢在第 r 个冷却单元下的冷却过程动态模型 $\chi_v(t_0+i\Delta\overline{T})$代表在冷却区入口处 $t=t_0+i\Delta\overline{T}$ 时刻检测仪表实测带钢温度和运行速度,如果检测周期与等时分段的周期一致,则在 $t=t_0+i\Delta\overline{T}$ 时刻测得的工况刚好是第 i 段带钢的入口工况条件;$a_1(t_f)\sim a_5(t_f)$代表五个运行阶段的加速度;v_{afw} 代表经过第二个加速运行阶段后应该达到的速度,v_{max} 代表带钢运行最高速度,v_{throw} 代表带钢尾部抛钢时允许的最大抛钢速度。对应图 3-5,模型输入为喷水集管控制阀门开启总数 U、N_{top}、N_{bottom}、π,模型输出为第 i 段带钢卷取温度 $y^i(t_0+i\Delta\overline{T}+\tau^i)$,边界条件由 G、F_T、F_v、F_d、$a_1\sim a_5$、v_{aft}、v_{max}、v_{throw}、χ_T、χ_v 组成。

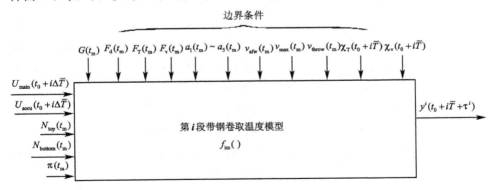

图 3-5　第 i 段带钢卷取温度模型输入输出关系

3.1.2 层流冷却动态过程模型结构与功能

本书建立了如图 3-6 所示的带钢卷取温度模型,由第 i 段带钢任意 t 时刻所处冷却单元位置计算模型、冷却单元阀门开闭状态模型、冷却单元下的冷却过程动态模型切换机制、第 i 段带钢在第 r 个冷却单元下的上表面温度模型组成。

模型Ⅰ代表上、下水冷换热方式的模型;模型Ⅱ代表上、下空冷换热方式的模型;模型Ⅲ代表上水冷下空冷换热方式的模型。

图 3-6 中各部分的具体功能描述如下:

(1) 冷却单元阀门开闭状态模型

阀门开闭状态模型根据第 i 段带钢对应的主冷区和精冷区喷水集管控制阀门开启总数 $U_{main}(t_0+i\Delta \overline{T})$、$U_{accu}(t_0+i\Delta \overline{T})$、上起始阀门开启位置 $N_{top}(t_f)$、下起始阀门开启位置 $N_{bottom}(t_f)$、喷水模式 $\pi(t_f)$ 计算第 i 段带钢经过冷却区内各冷却单元时喷水集管阀门开闭状态,$_rw^i_{top}$ 和 $_rw^i_{bottom}$($r=0,1,2,\cdots,R$)。

(2) 第 i 段带钢任意时刻 t 所处冷却单元位置计算模型

第 i 段带钢任意时刻 t 所处冷却单元位置计算模型根据终轧机出口带钢头部速度 $F_v(t_f)$、冷却区入口实测第 i 段带钢运行速度 $\chi_v(t_0+i\Delta \overline{T})$、加速度 $a_1(t_f)\sim a_5(t_f)$、经过第二个加速运行阶段后应该达到的速度 $v_{aft}(t_f)$、带钢运行最高速度 $v_{max}(t_f)$、最高抛钢允许速度 $v_{throw}(t_f)$ 计算任意 t 时刻第 i 段带钢所处冷却单元序号 $r^i(t)(r=0,1,2,\cdots,R)$,冷却单元序号定义见图 3-2。

(3) 冷却单元下的冷却过程动态模型切换机制

模型切换机制根据喷水集管阀门开闭状态,$_rw^i_{top}$ 和 $_rw^i_{bottom}$ 确定第 i 段带钢经过各冷却单元时发生的换热方式,如果,$_rw^i_{top}$ 和 $_rw^i_{bottom}$ 均为打开状态,则该冷却单元下是上、下水冷方式,选择模型Ⅰ,如果,$_rw^i_{top}$ 和 $_rw^i_{bottom}$ 均为关闭状态,则该冷却单元下是上、下空冷方式,选择模型Ⅱ,如果,$_rw^i_{top}$ 打开,$_rw^i_{bottom}$ 关闭,则该冷却单元下是上水冷下空冷方式,选择模型Ⅲ。

(4) 第 i 段带钢在第 r 个冷却单元下的上表面温度模型

第 i 段带钢在第 r 个冷却单元下的上表面温度模型以进入该冷却单元时刻的温度为初始温度,根据模型切换机制选择的水冷、空冷、水与空冷三种模型,建立在该冷却单元下带钢上表面温度模型。

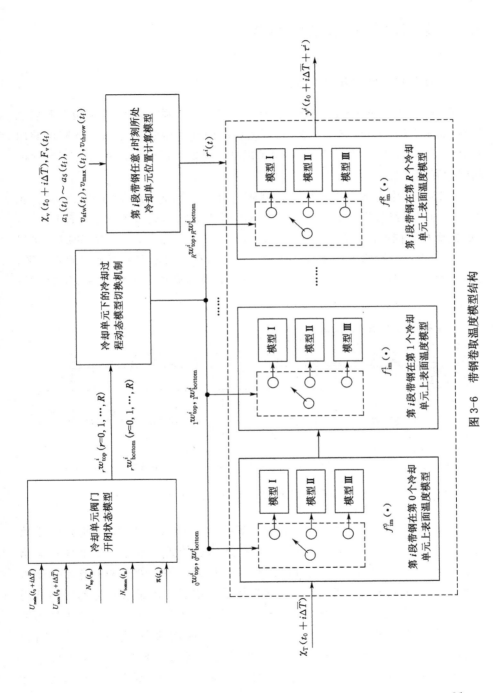

图 3-6　带钢卷取温度模型结构

3.2 层流冷却动态过程模型

3.2.1 冷却单元阀门开闭状态模型

根据第 i 段带钢经过主冷区、精冷区时被施加的喷水集管控制阀门开启总数 $U_{\text{main}}(t_0+i\Delta\overline{T})$、$U_{\text{accu}}(t_0+i\Delta\overline{T})$、上起始阀门开启位置 $N_{\text{top}}(t_f)$、下起始阀门开启位置 $N_{\text{bottom}}(t_f)$、喷水模式 $\pi(t_f)$ 可以唯一确定该段带钢经过各冷却单元的阀门的开闭状态,w_{top}^i 和 w_{bottom}^i。

对冷却区中上下对称的喷水控制阀门进行如图 3-7 所示的编号方式。辊道上方的阀门编号为 $1,2,\cdots,R$,辊道下方对称的阀门编号为 $R+1,R+2,\cdots,2R$,则冷却区依次由阀门编号为 $(1,R+1),(2,R+2),\cdots,(R,2R)$ 的阀门对组成各冷却单元。冷却区中主冷区与精冷区之间有一段未安装喷水架的空冷区,这个位置依次编号为 $R-11,R-10,R-9,R-8$,对应的辊道下方编号为 $2R-11,2R-10,2R-9,2R-8$。

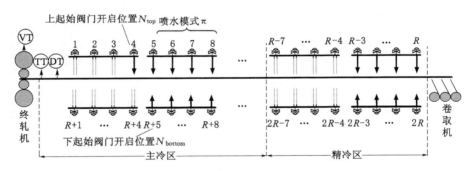

图 3-7 喷水集管控制阀门编号示意图

上起始阀门开启位置 N_{top} 为辊道上方第一个打开状态的阀门编号,下起始阀门开启位置 N_{bottom} 为辊道下方第一个打开状态的阀门编号。喷水模式 π 指喷水架上的 4 个集管控制阀门开闭组合。冷却区内每个喷水架上有 4 排喷水集管,由 4 个阀门控制喷水,实际层流冷却系统按照喷水架上对应的阀门开闭状态不同,共有表 3-2 中五种喷水模式。如果 4 个阀门均为打开状态为视为密集喷水模式;如果有 3 个阀门为打开状态,1 个为关闭状态,则为"3/4"模式;如果每间隔 1 个阀门为打开状态,则为 1/2 模式;如果 1 个阀门为打开状态,3 个为关闭状态,则为 1/4 模式;如果 4 个阀门均为关闭状态,则为无喷水模式。后四种喷水模式视为稀疏喷水模式。

表 3-2　　　　　　　　　　　　　　　喷水模式

喷水模式	冷却单元状态
密集喷水	1111
3/4	1110
1/2	1010
1/4	1000
无喷水	0000

注:"1"表示阀门打开,"0"表示阀门关闭。

以密集喷水为例(即 $\pi =$ "1111"),则第 i 段带钢经过冷却区域内各冷却单元时,辊道上方控制阀门开闭状态 $_rw_{top}^i$ 具体确定方法如下所示:

$$
\begin{cases}
① \ 当 \ r=1\sim (N_{top}-1) \ 时, _rw_{top}^i=0。 \\
② \ 当 \ r=(R-11)\sim (R-8) \ 时, _rw_{top}^i=0。 \\
③ \ 当 \ U_{main}-(N_{top}-N_{bottom})=2q, r=N_{top}\sim (q+N_{bottom}-1) \ 时, \\
\quad _rw_{top}^i=1; r=(q+N_{bottom})\sim (R-12) \ 时, _rw_{top}^i=0。 \\
④ \ 当 \ U_{main}-(N_{top}-N_{bottom})=2q+1, r=N_{top}\sim (q+N_{bottom}) \ 时, \\
\quad _rw_{top}^i=1; r=(q+N_{bottom}+1)\sim (R-12) \ 时, _rw_{top}^i=0。 \\
⑤ \ 当 \ U_{accu}=2q, r=(R-q+1)\sim R \ 时, _rw_{top}^i=1; \\
\quad r=(R-7)\sim (R-q) \ 时, _rw_{top}^i=0。 \\
⑥ \ 当 \ U_{accu}=2q+1, r=(R-q)\sim R \ 时, _rw_{top}^i=1; \\
\quad r=(R-7)\sim (R-q-1) \ 时, _rw_{top}^i=0。
\end{cases}
\tag{3-2}
$$

其中 q 为正整数, R 为最后一个阀门编号。规则①代表在上起始阀门开启位置 N_{top} 之前的阀门都关闭。规则②代表主冷区和精冷区之间一段空冷区,用 4 个虚拟的关闭阀门表示。规则③、④代表确定主冷区的喷水控制阀门的方法,主冷区从冷却区前端按照喷水模式 π 依次打开主冷区喷水控制阀门,直到打开阀门总数满足设定主冷区的开启阀门数 U_{main};规则⑤、⑥代表精冷区喷水控制阀门状态的确定,精冷区的阀门以密集喷水的模式从后面向前打开,直到打开 U_{accu} 个阀门。相应的辊道下方控制阀门状态计算规则为:

$$
\begin{cases}
① \text{ 当 } r=(R+1)\sim(R+N_{\text{bottom}}-1)\text{时},_{r}w_{\text{bottom}}^{i}=0\text{。} \\
② \text{ 当 } r=(2R-11)\sim(2R-8)\text{时},_{r}w_{\text{bottom}}^{i}=1\text{。} \\
③ \text{ 当 } U_{\text{main}}-(N_{\text{top}}-N_{\text{bottom}})=2q,r=(R+N_{\text{bottom}})\sim(R+q+N_{\text{bottom}}-1)\text{时},\\
\quad \text{则}_{r}w_{\text{bottom}}^{i}=1;r=(R+q+N_{\text{bottom}})\sim(R-12)\text{时},\text{则}_{r}w_{\text{bottom}}^{i}=0\text{。} \\
④ \text{ 当 } U_{\text{main}}-(N_{\text{top}}-N_{\text{bottom}})=2q+1,r=(R+N_{\text{bottom}})\sim(R+q+N_{\text{bottom}})\text{时},\\
\quad \text{则}_{r}w_{\text{bottom}}^{i}=1;r=(R+q+N_{\text{bottom}}+1)\sim(R-12)\text{时},\text{则}_{r}w_{\text{bottom}}^{i}=0\text{。} \\
⑤ \text{ 当 } U_{\text{accu}}=2q \text{ 或 } 2q+1,r=(2R-q+1)\sim2R\text{ 时},_{r}w_{\text{bottom}}^{i}=1;\\
\quad r=(2R-7)\sim(2R-q),\text{则}_{r}w_{\text{bottom}}^{i}=0\text{。}
\end{cases}
\tag{3-3}
$$

3.2.2 冷却单元下的冷却过程动态模型切换机制

第 i 段带钢在各冷却单元下有水冷、空冷、水与空冷三种模型,具体采用何种模型由该冷却单元下的换热方式决定。经过冷却单元阀门开闭状态模型给出的辊道上、下部阀门开闭状态 $_{r}w_{\text{top}}^{i}$ 和 $_{r}w_{\text{bottom}}^{i}$ 可以确定换热方式,具体在冷却单元下的模型切换机制见表 3-3。当冷却单元对应的上、下喷水集管控制阀门均打开,带钢上、下表面均与冷却水进行换热,则该冷却单元下发生上、下水冷的换热方式,在该冷却单元下的模型应该切换使用上、下水冷方式的模型 Ⅰ;当冷却单元对应的上、下喷水集管控制阀门均关闭,带钢上、下表面均与周围环境进行换热,则该冷却单元下发生上、下空冷的换热方式,在该冷却单元下的模型应该切换使用上、下空冷方式的模型 Ⅱ;当冷却单元对应的上喷水集管控制阀门打开,下喷水集管控制阀门关闭,则带钢上表面与冷却水发生换热,带钢下表面与周围环境进行换热,则该冷却单元下发生上水冷下空冷的换热方式,在该冷却单元下的模型应该切换使用上、下空冷方式的模型 Ⅲ。

表 3-3 冷却单元下的模型切换机制

条件	结论
$_{r}w_{\text{top}}^{i}=1$ 且 $_{r}w_{\text{bottom}}^{i}=1$	上、下水冷方式,切换至模型 Ⅰ
$_{r}w_{\text{top}}^{i}=0$ 且 $_{r}w_{\text{bottom}}^{i}=0$	上、下空冷方式,切换至模型 Ⅱ
$_{r}w_{\text{top}}^{i}=1$ 且 $_{r}w_{\text{bottom}}^{i}=0$	上水冷下空冷方式,切换至模型 Ⅲ

3.2.3 第 i 段带钢任意时刻所处冷却单元计算模型

工艺上将事先给定带钢在冷却区域内的运行速度,要求带钢在冷却区内以 5 个特定运行阶段运行,各阶段的加速度及加速后达到的速度如下所示。

第一个运行阶段：$a=a_1$，$s_1=L_0+L_1+L_2$。

第二个运行阶段：$a=a_2>a_1$，$v_2=v_{\mathrm{aft}}$。

第三个运行阶段：$a=a_3=a_1$，$v_3=v_{\max}$。　　　　　　　　　　(3-4)

第四个运行阶段：$a=a_4\leqslant 0$，$v_4<v_{\mathrm{throw}}$。

第五个运行阶段：$a_5=0$。

其中，L_0 为终轧机到冷却区入口之间的距离；L_1 为冷却区的长度；L_2 为冷却区出口到卷取机之间的距离。对应图 3-8，式(3-4)的具体含义是，第一个运行阶段指从带钢头部出终轧机开始到带钢头部到达卷取机的这段距离，这一阶段以加速度 a_1 加速运行，目的是保证终轧机出口带钢温度恒定，减少热量损失；当带钢的头部被卷取机咬入后，进入第二个运行阶段，此时精轧的轧制速度可以得到很大提高，以比 a_1 大得多的加速度 a_2 加速运行，直到速度到达 v_{aft}，在第二个运行阶段必须增加精轧机架间的冷却能力；当精轧的冷却能力达到极限后，进入第三个运行阶段，必须又回到 a_3 的加速度状态($a_1=a_3$)，直到带钢速度达到允许的最高速度 $v_{\max}$；第四个运行阶段开始减速运行，减速度为 a_4，一直到带钢的尾部在终轧机抛钢，带钢运行速度必须小于允许的抛钢速度 v_{throw}，以保证带钢尾部运行的平稳性；最后一个运行阶段是抛钢阶段，即当带钢的尾部在终轧机抛钢后，带钢匀速运行($a_5=0$)，直到全部被卷取完毕。这种加速轧制和加速冷却的目的是为了尽量减少带钢头尾温差。

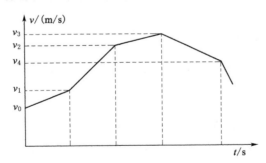

图 3-8　设定的带钢速度运行图

　　由上述给定的五个阶段的带钢运行速度和冷却区入口位置实测带钢初始运行速度，可以计算任意时刻每段带钢所在冷却区域内的冷却单元位置。如图 3-9 所示，带钢头部进入冷却区时刻记为 t_0 时刻，则第 i 段带钢进入冷却区时刻为 $t_0+i\overline{\Delta T}$，第 i 段带钢进入冷却区到离开第 r 个冷却单元的总时间为 Δt_r^i，则第 i 段带钢进入第 r 个冷却单元的时刻为 $t_0+i\overline{\Delta T}+\Delta t_{r-1}^i$，离开第 r 个冷却单元的时刻

为 $t_0+i\Delta\overline{T}+\Delta t_r^i$（灰色区域），该段带钢从进入冷却区到离开冷却区总时间为 τ^i，则第 i 段带钢离开冷却区的时刻为 $t_0+i\Delta\overline{T}+\tau^i$。通过比较任意时刻 t 与各段离开冷却单元时刻的关系，就可以判断出第 i 段带钢所处冷却单元的位置。

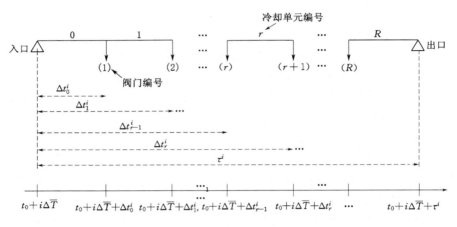

图 3-9　第 i 段带钢进入第 r 个冷却单元时刻示意图

对照图 3-9，总结在 t 时刻该段带钢所在冷却单元位置 $r^i(t)$ 的确定规则如下。

$$\left\{\begin{array}{l}规则 1：如果 t>t_0+i\Delta\overline{T}+\tau^i，那么该段已经离开冷却区；\\ 规则 2：如果 t_0+i\Delta\overline{T}+\Delta t_{r-1}^i<t\leqslant t_0+i\Delta\overline{T}+\Delta t_r^i，\\ \qquad 那么该段处于第 r 个冷却单元。\end{array}\right. \tag{3-5}$$

式（3-5）中变量 Δt_r^i（第 i 段带钢进入冷却区到离开第 r 个冷却单元的总时间）满足下式

$$g(i\Delta\overline{T}+\Delta t_{r-1}^i)=S_r+g(i\Delta\overline{T}) \tag{3-6}$$

其中 S_r 代表终轧机到第 r 个冷却单元的距离；函数 $g(t)$ 代表从带钢头部开始计时，经过 t 秒带钢头部在冷却区内的运行距离，具体为：

$$g(t)=\left\{\begin{array}{l}v_0t+\dfrac{1}{2}a_1t^2,t<t_1\\[2mm]\displaystyle\sum_{m=1}^{M}\left(v_{m-1}t_m+\dfrac{1}{2}a_mt_m^2\right)+v_m\left(t-\sum_{m=1}^{M}t_m\right)+\\[2mm]\dfrac{1}{2}a_{m+1}\left(t-\sum_{m=1}^{M}t_m\right)2,\sum_{m=1}^{M}t_m<t<\sum_{m=1}^{M+1}t_m\\[2mm]\displaystyle\sum_{m=1}^{5}\left(v_{m-1}t_m+\dfrac{1}{2}a_mt_m^2\right)+v_5\left(t-\sum_{m=1}^{5}t_m\right),t>\sum_{m=1}^{5}t_m\end{array}\right. \tag{3-7}$$

式(3-7)中，$t_1 \sim t_5$、$v_1 \sim v_5$、$s_1 \sim s_5$ 分别代表对应公式带钢在冷却区内实际 5 个运行阶段的运行时间、各运行阶段之后达到的速度、各运行阶段运行距离，具体计算公式如下：

$$
\begin{cases}
t_1 = \dfrac{\sqrt{v_0{}^2 + 2a_1 s_1} - v_0}{a_1} \\[2mm]
t_2 = \dfrac{v_2 - v_1}{a_2} \\[2mm]
t_3 = \dfrac{v_3 - v_2}{a_3} \\[2mm]
t_4 = \dfrac{v_4 - v_3}{a_4} \\[2mm]
t_5 = \dfrac{s_5}{v_5}
\end{cases}
\qquad
\begin{cases}
v_1 = \sqrt{v_0{}^2 + 2a_1 s_1} \\[2mm]
v_2 = v_{\text{aft}} \\[2mm]
v_3 = v_{\max} \\[2mm]
v_4 = \sqrt{v_3{}^2 + 2a_4 s_4} \\[2mm]
v_5 = v_4
\end{cases}
\qquad
\begin{cases}
s_1 = L_0 + L_1 + L_2 \\[2mm]
s_2 = v_1{}^2 + \dfrac{1}{2} a_2 t_2^2 \\[2mm]
s_3 = v_2{}^2 + \dfrac{1}{2} a_3 t_3^2 \\[2mm]
s_4 = L_s - s_3 - s_2 - s_1 \\[2mm]
s_5 = L_0 + L_1
\end{cases}
\tag{3-8}
$$

其中 $v_0 = \chi_v(t_0 + i\overline{\Delta T})$，$L_0$ 为终轧机到冷却区入口之间的距离；L_1 为冷却区的长度；L_2 为冷却区出口到卷取机之间的距离；各阶段加速度 $a_1 \sim a_5$ 及 v_{aft}、$v_{\max}$、v_{throw} 由工艺事先给出。综上所述，式(3-5)至式(3-8)给出了判断第 i 段带钢在任意时刻 t 所在冷却单元位置的方法。

由于每个冷却单元下水冷换热系数、热导率和该段带钢进入第 r 个冷却单元(离开前一个冷却单元)的运行速度 v_{r-1}^i 有关，因此下面给出 v_{r-1}^i 的求解方法，最终应用 v_{r-1}^i 作为水冷换热系数、热导率计算公式的参数。第 i 段带钢进入第 r 个冷却单元的速度 v_{r-1}^i 实际上等于带钢头部运行 $(i\overline{\Delta T} + \Delta t_{r-1}^i)$ 时间之后的运行速度，v_{r-1}^i 可由下式表示：

$$
\begin{aligned}
v_{r-1}^i &= \chi_v(t_0) + \int_{t_0}^{t_0 + i\overline{\Delta T} + \Delta t_{r-1}^i} a(t)\,\mathrm{d}t \\
&= \chi_v(t_0) + \sum_{q=1}^{Q} a_q t_q + a_{Q+1}\left(i\overline{\Delta T} + \Delta t_{r-1}^i - \sum_{q=1}^{Q} t_q\right)
\end{aligned}
\tag{3-9}
$$

上式代表在带钢头部初始速度 $\chi_v(t_0)$ 条件下，经过时间 $(i\overline{\Delta T} + t_{r-1}^i)$ 的变加速运行达到的速度。其中 $\chi_v(t_0)$ 由入口位置的温度检测仪表测得；Q 代表在时间 $(i\overline{\Delta T} + t_{r-1}^i)$ 内带钢结束的运行阶段个数($Q \leqslant 5$)；$t_q(q = 1, 2, \cdots, 5)$ 代表第 q 个运行阶段花费的时间；$a_1 \sim a_5$ 代表在 5 个运行阶段的加速度。

3.2.4　第 i 段带钢在第 r 个冷却单元下上表面温度模型

这节内容从热传导机理出发，推导出冷却单元下对应三种换热方式(上下水冷、上下空冷、上水冷下水冷)下的冷却动态过程模型，最后总结出第 i 带钢

在第 r 个冷却单元下上表面温度模型。

3.2.4.1 热传导机理模型

带钢内部具有密实不透明的不均匀温度分布特性,在温度梯度作用下进行的热量传递过程属于单纯的热传导行为,遵循傅立叶定律和热力学第一定律。如图 3-10 所示,在温度为 H 的带钢等温面上取一个微面积为 dF,沿法线方向厚度为 dn 的微分元 $dF \cdot dn$,假设用 q_n 表示以热传导方式进入该微分元的热流通量,q_{n+dn} 表示以热传导方式离开该微分元的热流通量。利用微分概念,在带钢内部选微小的距离变化后,以热传导方式离开微分元的热流通量也将取得一个微元的改变,因此有[杨世铭,1998]:

$$q_{n+dn}(t) = q_n(t) + dq_n(t) \tag{3-10}$$

图 3-10　热传导示意图

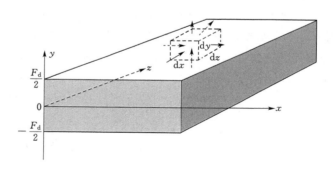

图 3-11　直角坐标系下的热传导示意图

由于热量传递只能沿着等温面的法线方向进行,在所取微分元的侧面上不可能有热传导现象发生,因此在侧面上就不会有热流的进出。如图 3-11 所示,将以上各量在直角坐标系下进行分解,x 为带钢运行方向,y 为带钢厚度方向(带钢终轧机出口带钢厚度为 F_d,以厚度中点为 y 轴原点),z 为带钢宽度方向。如果从三个方向以热传导方式进入微分元的热流密度分别为 q_x,q_y,q_z,则从三个方向以热传导方式流出微分元的热流密度分别为:

$$q_{x+dx}(t) = q_x(t) + dq_x(t)$$
$$q_{y+dy}(t) = q_y(t) + dq_y(t) \qquad (3-11)$$
$$q_{z+dz}(t) = q_z(t) + dq_z(t)$$

那么在单位时间内以热传导方式进入微分元各个表面的热量分别为

$$Q_x(t) = q_x(t)dydz$$
$$Q_y(t) = q_y(t)dxdz \qquad (3-12)$$
$$Q_z(t) = q_z(t)dxdy$$

流出微分元各个表面的热量分别为

$$Q_{x+dx}(t) = q_{x+dx}(t)dydz$$
$$Q_{y+dy}(t) = q_{y+dy}(t)dxdz \qquad (3-13)$$
$$Q_{z+dz}(t) = q_{z+dz}(t)dxdy$$

单位时间内以热传导方式进入微分元的总热量为

$$\dot{R}_{in}(t) = Q_x(t) + Q_y(t) + Q_z(t) \qquad (3-14)$$

单位时间内以热传导方式流出微分元的总热量为

$$\dot{R}_{out}(t) = Q_{x+dx}(t) + Q_{y+dy}(t) + Q_{z+dz}(t) \qquad (3-15)$$

当带钢内由于相变发生能量转换时,在微分元内就会产生热能。若以 $\dot{Q}$ 表示单位体积的发热率,则单位时间内微分元内的发热量为

$$\dot{R}_g(t) = \dot{Q}(t)dxdydz \qquad (3-16)$$

微分元内由于能量的累积,导致其温度发生改变。单位时间内能量变化量为

$$\dot{R}_{st}(t) = \rho c_p \frac{\partial H(x,y,z,t)}{\partial t}dxdydz \qquad (3-17)$$

式中,ρ 为带钢密度(kg/m³);c_p 为比热容[J/(kg·K)];$H(x,y,z,t)$ 代表 t 时刻坐标为 (x,y,z) 位置的带钢温度。如果忽略热变形,不计膨胀功时,应用热力学第一定律于微分元上,有

$$\dot{R}_{in}(t) - \dot{R}_{out}(t) + \dot{R}_g(t) = \dot{R}_{st}(t) \qquad (3-18)$$

将式(3-12)代入式(3-14)中,式(3-13)代入式(3-15)中,再将式(3-14)至式(3-17)代入式(3-18),结合式(3-11),可得

$$-[dq_x(t)dydz + dq_y(t)dxdz + dq_z(t)dxdy] + \dot{Q}(t)dxdydz$$
$$= \rho c_p \frac{\partial H(x,y,z,t)}{\partial t}dxdydz \qquad (3-19)$$

根据微积分原理

$$\mathrm{d}q_x(t) = \frac{\partial q_x}{\partial x}\mathrm{d}x$$

$$\mathrm{d}q_y(t) = \frac{\partial q_y}{\partial y}\mathrm{d}y \qquad (3\text{-}20)$$

$$\mathrm{d}q_z(t) = \frac{\partial q_z}{\partial z}\mathrm{d}z$$

将上述三式代入式(3-19)中,并以 $\mathrm{d}x\mathrm{d}y\mathrm{d}z$ 除之,得

$$-\left[\frac{\partial q_x(t)}{\partial x}+\frac{\partial q_y(t)}{\partial y}+\frac{\partial q_z(t)}{\partial z}\right]+\dot{Q}(t)=\rho c_p\frac{\partial H(x,y,z,t)}{\partial t} \qquad (3\text{-}21)$$

热传导过程满足傅立叶定律[86]:

$$q_x(t) = -\lambda(H,\Omega_\lambda)\frac{\partial H(x,y,z,t)}{\partial x}$$

$$q_y(t) = -\lambda(H,\Omega_\lambda)\frac{\partial H(x,y,z,t)}{\partial y} \qquad (3\text{-}22)$$

$$q_z(t) = -\lambda(H,\Omega_\lambda)\frac{\partial H(x,y,z,t)}{\partial z}$$

其中 $\lambda(H,\Omega_\lambda)$ 为带钢的热导率,由前面的换热特性分析可知,热导率与带钢温度 $H(x,y,z,t)$ 及工况条件 Ω_λ 相关,工况条件 Ω_λ 具体为带钢厚度、运行速度、硬度等级。将式(3-22)代入式(3-21),得

$$\frac{\partial}{\partial x}\left[\lambda(H,\Omega_\lambda)\frac{\partial H(x,y,z,t)}{\partial x}\right]+\frac{\partial}{\partial y}\left[\lambda(H,\Omega_\lambda)\frac{\partial H(x,y,z,t)}{\partial y}\right]+$$

$$\frac{\partial}{\partial z}\left[\lambda(H,\Omega_\lambda)\frac{\partial H(x,y,z,t)}{\partial z}\right]+\dot{Q}(t)=\rho c_p\frac{\partial H(x,y,z,t)}{\partial t} \qquad (3\text{-}23)$$

方程(3-23)就是直角坐标系中热传导微分方程的普遍形式,它的物理意义反映了热传导过程中能量的守恒关系。

下面我们将方程(3-23)简化为层流冷却过程中的第 i 段带钢在冷却单元下的具体模型。由于经过等时分段后的带钢可以假设该段带钢内部温度均匀分布,且由于冷却系统在带钢宽度方向上均匀装置了鹅颈管,完全覆盖层流冷却区的带钢的宽度方向。辊道两边设置了遮蔽措施,因此宽度方向上的温度梯度可以忽略。此外,本书研究对象主要针对低碳钢产品,其含碳量较低,在冷却过程中因相变生成的潜热较少,也可以忽略,则方程(3-23)可以简化为[34,64]:

$$\frac{\partial}{\partial y}\left[\lambda(H,\Omega_\lambda)\frac{\partial H(x,y,z,t)}{\partial y}\right]=\rho c_p\frac{\partial H(x,y,z,t)}{\partial t} \qquad (3\text{-}24)$$

由于热导率是导温系数与其热容量之积,即 $\lambda=s\cdot\rho c_p$,则式(3-24)为

$$\frac{\partial H^i(y,t)}{\partial t} = s^i(H^i)\frac{\partial^2 H^i(y,t)}{\partial y^2} \tag{3-25}$$

式中 $H^i(y,t)$ 代表第 i 段带钢在 t 时刻的温度，$s^i(H^i)$ 为与温度相关的第 i 段带钢导温系数。方程(3-25)即为第 i 段带钢在冷却单元下的冷却过程动态模型，其初始条件和边值条件分别如下。

（1）初始条件

在序号为"0"的第一个冷却单元下，模型式(3-25)初始条件为第 i 段带钢进入冷却区时刻的实测温度 $\chi_T(t_0+i\Delta\overline{T})$，即

$$H^i(y,t_0) = \chi_T(t_0+i\overline{\Delta T}) \tag{3-26}$$

第 $r(r=1,2,\cdots,R)$ 个冷却单元的初始条件为第 i 段带钢离开第 $r-1$ 个冷却单元时刻 $t_0+\Delta\overline{T}+\Delta t_{r-1}^i$ 的厚度方向上温度分布 $H^i(y,t_0+\Delta\overline{T}+\Delta t_{r-1}^i)$。

（2）边值条件

对应冷却单元下的三种换热方式，方程(3-25)具有下面三类不同的边值条件：

① 冷却单元对应的上、下阀门均打开状态的上、下水冷方式

$$-\lambda_{\text{top}}^i(H^i,\Omega_\lambda)\frac{\partial H^i(y,t)}{\partial y}\bigg|_{y=\frac{F_d}{2}} = h_{\text{w,top}}^i\left[H^i\left(\frac{F_d}{2},t\right),\Omega_{h_w}\right]\left[T_w-H^i\left(\frac{F_d}{2},t\right)\right] \tag{3-27}$$

$$-\lambda_{\text{bottom}}^i(H^i,\Omega_\lambda)\frac{\partial H^i(y,t)}{\partial y}\bigg|_{y=-\frac{F_d}{2}}$$

$$= h_{\text{w,bottom}}^i\left[H^i\left(-\frac{F_d}{2},t\right),\Omega_{h_w}\right]\left[T_w-H^i\left(-\frac{F_d}{2},t\right)\right] \tag{3-28}$$

$$-\lambda_{\text{middle}}^i(H^i,\Omega_\lambda)\frac{\partial H^i(y,t)}{\partial y}\bigg|_{y=0} = 0 \tag{3-29}$$

其中 F_d 代表带钢厚度，以厚度方向的中间点为原点，上表面方向为正方向，下表面方向为负方向，则" $y=\frac{F_d}{2}$ "代表带钢的上表面；反之，" $y=-\frac{F_d}{2}$ "代表带钢下表面；$h_{\text{w,top}}^i$、$h_{\text{w,bottom}}^i$ 分别代表带钢上、下表面水冷换热系数，该系数与带钢上、下表面温度 $H^i\left(\frac{F_d}{2},t\right)$、$H^i\left(-\frac{F_d}{2},t\right)$ 及工况条件 Ω_{h_w} 相关，Ω_{h_w} 具体包括带钢运行速度、硬度等级、带钢厚度；λ_{top}^i、$\lambda_{\text{bottom}}^i$、$\lambda_{\text{middle}}^i$ 分别代表带钢上表面、下表面、带钢中间位置的热导率，分别与带钢上表面、下表面温度及带钢中间温度相关；T_w 为冷却水温度。

② 冷却单元对应的上、下阀门均关闭状态的上、下空冷方式

$$-\lambda_{\text{top}}^i(H^i,\Omega_\lambda)\frac{\partial H^i(y,t)}{\partial y}\bigg|_{y=\frac{F_d}{2}}=h_{\text{e,top}}^i\left[H^i\left(\frac{F_d}{2},t\right),\Omega_{h_e}\right]\left[T_e-H^i\left(\frac{F_d}{2},t\right)\right]$$

$$(3-30)$$

$$-\lambda_{\text{bottom}}^i(H^i,\Omega_\lambda)\frac{\partial H^i(y,t)}{\partial y}\bigg|_{y=-\frac{F_d}{2}}=h_{\text{e,bottom}}^i\left[H^i\left(-\frac{F_d}{2},t\right),\Omega_{h_e}\right]\cdot$$

$$\left[T_e-H^i\left(-\frac{F_d}{2},t\right)\right]$$

$$(3-31)$$

$$-\lambda_{\text{middle}}^i(H^i,\Omega_\lambda)\frac{\partial H^i(y,t)}{\partial y}\bigg|_{y=0}=0 \qquad (3-32)$$

其中 $h_{\text{e,top}}^i$、$h_{\text{e,bottom}}^i$ 代表带钢上、下表面空冷换热系数,该系数分别与带钢上、下表面温度 $H^i\left(\frac{F_d}{2},t\right)$、$H^i\left(-\frac{F_d}{2},t\right)$ 及工况条件 Ω_{h_e} 相关,Ω_{h_e} 为带钢运行速度。$\lambda(H^i,\Omega_\lambda)$ 为与带钢温度和工况条件相关的热导率;T_e 为环境温度。

③ 冷却单元对应的上阀门打开下阀关闭状态的上水冷下空冷方式

$$-\lambda_{\text{top}}^i(H^i,\Omega_\lambda)\frac{\partial H^i(y,t)}{\partial y}\bigg|_{y=\frac{F_d}{2}}=h_{\text{w,top}}^i\left[H^i\left(\frac{F_d}{2},t\right),\Omega_{h_w}\right]\left[T_w-H^i\left(\frac{F_d}{2},t\right)\right]$$

$$(3-33)$$

$$-\lambda_{\text{bottom}}^i(H^i,\Omega_\lambda)\frac{\partial H^i(y,t)}{\partial y}\bigg|_{y=-\frac{F_d}{2}}=h_{\text{e,bottom}}^i\left[H^i\left(-\frac{F_d}{2},t\right),\Omega_{h_e}\right]\cdot$$

$$\left[T_e-H^i\left(-\frac{F_d}{2},t\right)\right]$$

$$(3-34)$$

$$-\lambda_{\text{middle}}^i(H^i,\Omega_\lambda)\frac{\partial H^i(y,t)}{\partial y}\bigg|_{y=0}=0 \qquad (3-35)$$

式(3-25)至式(3-35)即为第 i 段带钢在冷却单元下的冷却过程动态模型,带钢上下表面水冷换热系数 $h_{\text{w,top}}^i$、$h_{\text{w,bottom}}^i$,带钢上、下表面空冷换热系数 $h_{\text{e,top}}^i$、$h_{\text{e,bottom}}^i$,带钢热导率 λ_{top}^i、$\lambda_{\text{bottom}}^i$、$\lambda_{\text{middle}}^i$ 及导温系数 s^i 与带钢温度及工况条件相关,随带钢温度和工况条件的非线性变化而非线性变化,因此模型式(3-25)至模型式(3-35)本质为带有非线性参数的偏微分方程。

3.2.4.2　水冷、空冷、水与空冷三种冷却单元下的过程动态模型

由于上述模型式(3-25)至模型式(3-35)难以直接应用,本节采用求解导热问题常用的有限差分技术对建立的温度模型进行有限差分,最终建立第 i 段带钢在冷却单元下的上表面温度模型。

我们首先将带钢在厚度方向上均匀划分为 J 层(层数与模型精度相关),则第 i 段带钢在其每个厚度节点上平均温度采用符号 $H_j^i(t)$ 表示,$j(j=0,1,\cdots,J)$ 为厚度节点序号,其中"0"节点代表带钢上表面节点,"J"节点代表带钢下表面节点。有限差分的基本原理就是用有限差分近似微分,有限差商近似导数^(张学学,李桂馥,2000)。如图 3-12 所示,在带钢上划分均匀网格,横轴代表时间轴,纵轴代表厚度节点。

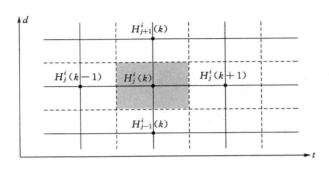

图 3-12　厚度与时间差分示意图

假设在任意一个序号为 r 的冷却单元下,如图 3-13 所示,从带钢头部进入冷却区开始计时,记为 t_0,则第 i 段带钢进入冷却区入口时刻为 $t_0+i\Delta\overline{T}$(图中用 t_0^i 表示),第 i 段带钢进入第 r 个冷却单元的时刻为 $t_0+i\Delta\overline{T}+\Delta t_{r-1}^i$,则第 i 段带钢在第 r 个冷却单元内的任意第 k 个时间节点上,k 满足

$$k\Delta\tau+t_0+i\Delta\overline{T}+\Delta t_{r-1}^i=t \tag{3-36}$$

特殊地,带钢在最后的卷取时刻对应的时间节点 k_c 满足

$$k_c\Delta\tau+\Delta t_{R-1}^i=\tau^i \tag{3-37}$$

式中 τ^i 代表第 i 段带钢从进入冷却区到离开冷却区的一段时间,τ^i 满足

$$g(i\Delta\overline{T}+\tau^i)=L_0+L_1+L_2+g(i\Delta\overline{T}) \tag{3-38}$$

L_0 为终轧机到冷却区入口之间的距离;L_1 为冷却区的长度;L_2 为冷却区出口到卷取机之间的距离;函数 $g(t)$ 代表从带钢头部开始计时,经过 t 秒带钢头部在冷却区内的运行距离,由式(3-7)给定。

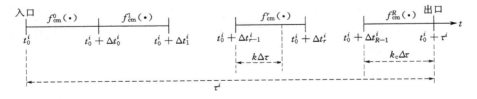

图 3-13　带钢温度差分模型中时间节点 k 与时刻 t 的关系

至此我们建立了任意时刻 t 与差分方程中的时间节点 k 之间的关系。下

面具体叙述在任意 t 时刻,对应的时间节点 k 的带钢内部节点温度模型和带钢表面节点温度模型推理过程,并总结给出冷却单元下水冷、空冷、水与空冷三种模型,最后给出具体模型参数定义。

3.2.4.2.1　带钢内部节点温度模型

对方程(3-25)在时间上取前向差分,厚度方向取中心差分,厚度差分步长为 $\Delta d (= F_d / J - 1)$,时间步长为 $\Delta \tau$,其中 F_d 为带钢厚度,则在任意时刻 t,对于带钢内部厚度节点 $j (j = 0, 1, \cdots, J)$ 可以列出如下的方程[82,81]:

$$H_j^i(k) - H_j^i(k-1) = \frac{\Delta \tau}{\Delta d^2} s_j^i \left[H_{j-1}^i(k) - 2H_j^i(k) + H_{j+1}^i(k) \right] \quad (3\text{-}39)$$

其中 k 满足式(3-36),s_j^i 代表第 i 段带钢在厚度节点 j 上的导温系数。对式(3-39)在时间上取后向差分,厚度方向取中心差分,对于节点 $j (j = 0, 1, \cdots, J)$ 列出如下方程:

$$H_j^i(k) - H_j^i(k-1) = \frac{\Delta \tau}{\Delta d^2} s_j^i \left[H_{j-1}^i(k-1) - 2H_j^i(k-1) + H_{j+1}^i(k-1) \right]$$

$$(3\text{-}40)$$

将式(3-39)和式(3-40)相加得:

$$2 \left[H_j^i(k) - H_j^i(k-1) \right] = \frac{\Delta \tau}{\Delta d^2} s_j^i \left[H_{j-1}^i(k) - 2H_j^i(k) + H_{j+1}^i(k) + \right.$$

$$\left. H_{j-1}^i(k-1) - 2H_j^i(k-1) + H_{j+1}^i(k-1) \right] \quad (3\text{-}41)$$

整理上式得:

$$\left[2 + 2 \frac{\Delta \tau}{\Delta d^2} s_j^i \right] H_j^i(k) - \frac{\Delta \tau}{\Delta d^2} s_j^i H_{j-1}^i(k) - \frac{\Delta \tau}{\Delta d^2} s_j^i H_{j+1}^i(k)$$

$$= \frac{\Delta \tau}{\Delta d^2} s_j^i H_{j-1}^i(k-1) + \left[2 - 2 \frac{\Delta \tau}{\Delta d^2} s_j^i \right] H_j^i(k-1) + \frac{\Delta \tau}{\Delta d^2} s_j^i H_{j+1}^i(k-1)$$

$$(3\text{-}42)$$

3.2.4.2.2　带钢表面节点温度模型

边界条件式(3-27)至式(3-35)描述了在不同冷却单元下带钢上、下表面发生不同换热方式对应的三种边界条件,以上下水冷方式为例,将带钢上表面边界条件式(3-27)代入下列差分公式:

$$\frac{\partial^2 H^i(y,t)}{\partial y^2} = \frac{2}{\Delta d^2} \left[H_{j+1}^i(t) - H_j^i(t) - \Delta d \frac{\partial H^i(y,t)}{\partial y} \right] \quad (3\text{-}43)$$

得:

$$\left. \frac{\partial^2 H^i(y,t)}{\partial y^2} \right|_{y = \frac{F_d}{2}} =$$

$$\frac{2}{\Delta d^2}\left[H_1^i(t)-H_0^i(t)-\frac{h_{\mathrm{w,top}}^i\left(H^i(0,t),\Omega_{h_{\mathrm{w}}}\right)\Delta d}{\lambda_{\mathrm{top}}^i\left(H^i(0,t),\Omega_\lambda\right)}\left(H^i(0,t)-T_{\mathrm{w}}\right)\right] \quad (3\text{-}44)$$

将上式代入式(3-25)并取前向差分得：

$$H_0^i(k)-H_0^i(k-1)=2\,\frac{s_0^i\Delta\tau}{\Delta d^2}\left\{H_1^i(k)-H_0^i(k)-\frac{h_{\mathrm{w,top}}^i\Delta d}{\lambda_{\mathrm{top}}^i}\left[H_0^i(k)-T_{\mathrm{w}}\right]\right\}$$

$$(3\text{-}45)$$

对式(3-44)取后向差分得：

$$H_0^i(k)-H_0^i(k-1)=$$

$$2\,\frac{s_0^i\Delta\tau}{\Delta d^2}\left\{H_1^i(k-1)-H_0^i(k-1)-\frac{h_{\mathrm{w,top}}^i\Delta d}{\lambda_{\mathrm{top}}^i}\left[H_0^i(k-1)-T_{\mathrm{w}}\right]\right\} \quad (3\text{-}46)$$

将式(3-45)和式(3-46)相加得：

$$2\left[H_0^i(k)-H_0^i(k-1)\right]=2\,\frac{s_0^i\Delta\tau}{\Delta d^2}\left\{\left[H_1^i(k)-H_0^i(k)-\frac{h_{\mathrm{w,top}}^i\Delta d}{\lambda_{\mathrm{top}}^i}\left[H_0^i(k)-T_{\mathrm{w}}\right]\right\}+$$

$$2\,\frac{s_0^i\Delta\tau}{\Delta d^2}\left\{\left[H_1^i(k-1)-H_0^i(k-1)-\frac{h_{\mathrm{w,top}}^i\Delta d}{\lambda_{\mathrm{top}}^i}\left[H_0^i(k-1)-T_{\mathrm{w}}\right]\right\} \quad (3\text{-}47)$$

整理上式得：

$$\left[1+\frac{\Delta\tau}{\Delta d^2}s_0^i+\frac{\Delta\tau s_0^i h_{\mathrm{w,top}}^i}{\Delta d\,\lambda_{\mathrm{top}}^i}\right]H_0^i(k)-\frac{\Delta\tau s_0^i}{\Delta d^2}H_1^i(k)$$

$$=\left[1-\frac{\Delta\tau s_0^i}{\Delta d^2}-\frac{\Delta\tau s_0^i h_{\mathrm{w,top}}^i}{\Delta d\,\lambda_{\mathrm{top}}^i}\right]H_0^i(k-1)+\frac{\Delta\tau s_0^i}{\Delta d^2}H_1^i(k-1)+2\,\frac{\Delta\tau s_0^i h_{\mathrm{w,top}}^i}{\Delta d\,\lambda_{\mathrm{top}}^i}T_{\mathrm{w}}$$

$$(3\text{-}48)$$

同理，对于带钢下表面，则将边界条件式(3-28)代入下述差分公式：

$$\frac{\partial^2 H^i(y,t)}{\partial y^2}=\frac{2}{\Delta d^2}\left[H_{j-1}^i(t)-H_j^i(t)+\Delta d\,\frac{\partial H^i(y,t)}{\partial y}\right] \quad (3\text{-}49)$$

得：

$$\frac{\partial^2 H^i(y,t)}{\partial y^2}\bigg|_{y=-\frac{F_{\mathrm{d}}}{2}}=\frac{2}{\Delta d^2}\cdot$$

$$\left[H_{j-1}^i(t)-H_j^i(t)+\Delta d\,\frac{h_{\mathrm{w,bottom}}^i\left[H^i\left(-\frac{F_{\mathrm{d}}}{2},t\right),\Omega_{h_{\mathrm{w}}}\right]}{\lambda_{\mathrm{bottom}}^i\left[H^i\left(-\frac{F_{\mathrm{d}}}{2},t\right),\Omega_\lambda\right]}\left[T_{\mathrm{w}}-H^i\left(-\frac{F_{\mathrm{d}}}{2},t\right)\right]\right]$$

$$(3\text{-}50)$$

将上式代入式(3-25)并取前向、后向差分分别得：

$$H_j^i(k)-H_j^i(k-1)=2\,\frac{s_j^i\Delta\tau}{\Delta d^2}\left\{H_{j-1}^i(k)-H_j^i(k)+\frac{\Delta d h_{\mathrm{w,bottom}}^i}{\lambda_{\mathrm{bottom}}^i}\left[T_{\mathrm{w}}-H_j^i(k)\right]\right\}$$

$$(3\text{-}51)$$

$$H_J^i(k) - H_J^i(k-1) =$$

$$2\frac{\Delta\tau s_J^i}{\Delta d^2}\left\{H_{J-1}^i(k-1) - H_J^i(k-1) + \frac{\Delta d h_{\mathrm{w,bottom}}^i}{\lambda_{\mathrm{bottom}}^i}[T_{\mathrm{w}} - H_J^i(k-1)]\right\} \quad (3\text{-}52)$$

将式(3-51)和式(3-52)相加得:

$$H_J^i(k) - H_J^i(k-1) = \frac{2\Delta\tau s_M^i}{\Delta d^2}\left\{H_{J-1}^i(k) - H_J^i(k) + \frac{\Delta d h_{\mathrm{w,bottom}}^i}{\lambda_{\mathrm{bottom}}^i}[T_{\mathrm{w}} - H_J^i(k)]\right\} +$$

$$\left\{H_{J-1}^i(k-1) - H_J^i(k-1) + \Delta d\frac{h_{\mathrm{w,bottom}}^i}{\lambda_{\mathrm{bottom}}^i}[T_{\mathrm{w}} - H_J^i(k-1)]\right\} \quad (3\text{-}53)$$

整理得:

$$\left[1 + \frac{\Delta\tau}{\Delta d^2}s_J^i + \frac{\Delta\tau}{\Delta d}\frac{s_J^i h_{\mathrm{w,bottom}}^i}{\lambda_{\mathrm{bottom}}^i}\right]H_J^i(k) - \frac{\Delta\tau s_J^i}{\Delta d^2}H_{J-1}^i(k)$$

$$= \frac{\Delta\tau s_M^i}{\Delta d^2}H_{J-1}^i(k-1) + \left[1 - \frac{\Delta\tau}{\Delta d^2}s_J^i - \frac{\Delta\tau}{\Delta d}\frac{s_J^i h_{\mathrm{w,bottom}}^i}{\lambda_{\mathrm{bottom}}^i}\right]H_J^i(k-1) + 2\frac{\Delta\tau}{\Delta d}\frac{s_J^i h_{\mathrm{w,bottom}}^i}{\lambda_{\mathrm{bottom}}^i}T_{\mathrm{w}}$$

$$(3\text{-}54)$$

同理可得其他换热方式下的带钢上、下表面节点差分方程,上、下空冷方式条件下,将对应的边界条件式(3-30)、式(3-31)进行差分处理,可以得到下列带钢上、下表面节点差分方程:

$$\left[1 + \frac{\Delta\tau}{\Delta d^2}s_0^i + \frac{\Delta\tau}{\Delta d}\frac{s_0^i h_{\mathrm{e,top}}^i}{\lambda_{\mathrm{top}}^i}\right]H_0^i(k) - \frac{\Delta\tau s_0^i}{\Delta d^2}H_1^i(k)$$

$$= \left[1 - \frac{\Delta\tau s_0^i}{\Delta d^2} - \frac{\Delta\tau}{\Delta d}\frac{s_0^i h_{\mathrm{e,top}}^i}{\lambda_{\mathrm{top}}^i}\right]H_0^i(k-1) + \frac{\Delta\tau s_0^i}{\Delta d^2}H_1^i(k-1) + 2\frac{\Delta\tau}{\Delta d}\frac{s_0^i h_{\mathrm{e,top}}^i}{\lambda_{\mathrm{top}}^i}T_{\mathrm{e}}$$

$$(3\text{-}55)$$

$$\left[1 + \frac{\Delta\tau}{\Delta d^2}s_J^i + \frac{\Delta\tau}{\Delta d}\frac{s_J^i h_{\mathrm{e,bottom}}^i}{\lambda_{\mathrm{bottom}}^i}\right]H_J^i(k) - \frac{\Delta\tau s_J^i}{\Delta d^2}H_{J-1}^i(k)$$

$$= \frac{\Delta\tau s_J^i}{\Delta d^2}H_{J-1}^i(k-1) + \left[1 - \frac{\Delta\tau}{\Delta d^2}s_J^i - \frac{\Delta\tau}{\Delta d}\frac{s_J^i h_{\mathrm{e,bottom}}^i}{\lambda_{\mathrm{bottom}}^i}\right]H_J^i(k-1) + 2\frac{\Delta\tau}{\Delta d}\frac{s_J^i h_{\mathrm{e,bottom}}^i}{\lambda_{\mathrm{bottom}}^i}T_{\mathrm{e}}$$

$$(3\text{-}56)$$

上空冷下水冷方式下,将边界条件式(3-33)、式(3-34)进行差分处理,得到上空冷下水冷方式对应的带钢上、下表面节点差分方程:

$$\left[1 + \frac{\Delta\tau}{\Delta d^2}s_0^i + \frac{\Delta\tau}{\Delta d}\frac{s_0^i h_{\mathrm{w,top}}^i}{\lambda_0^i}\right]H_0^i(k) - \frac{\Delta\tau s_0^i}{\Delta d^2}H_1^i(k)$$

$$= \left[1 - \frac{\Delta\tau s_0^i}{\Delta d^2} - \frac{\Delta\tau}{\Delta d}\frac{s_0^i h_{\mathrm{w,top}}^i}{\lambda_{\mathrm{top}}^i}\right]H_0^i(k-1) + \frac{\Delta\tau s_0^i}{\Delta d^2}H_1^i(k-1) + 2\frac{\Delta\tau}{\Delta d}\frac{s_0^i h_{\mathrm{w,top}}^i}{\lambda_{\mathrm{top}}^i}T_{\mathrm{w}}$$

$$(3\text{-}57)$$

$$\left[1 + \frac{\Delta\tau}{\Delta d^2}s_J^i + \frac{\Delta\tau}{\Delta d}\frac{s_J^i h_{\mathrm{e,bottom}}^i}{\lambda_{\mathrm{bottom}}^i}\right]H_J^i(k) - \frac{\Delta\tau s_J^i}{\Delta d^2}H_{J-1}^i(k)$$

$$= \frac{\Delta \tau s_j^i}{\Delta d^2} H_{J-1}^i(k-1) + \left[1 - \frac{\Delta S \tau}{\Delta d^2} s_j^i - \frac{\Delta \tau s_j^i h_{\mathrm{e,bottom}}^i}{\Delta d \quad \lambda_{\mathrm{bottom}}}\right] H_J^i(k-1) + 2 \frac{\Delta \tau s_j^i h_{\mathrm{e,bottom}}^i}{\Delta d \quad \lambda_{\mathrm{bottom}}} T_{\mathrm{e}}$$

$$(3\text{-}58)$$

3.2.4.2.3　水冷、空冷、水与空冷三种模型

对应上下水冷方式、上下空冷方式、上下水冷方式三种不同换热方式，第 i 段带钢在冷却单元下上表面温度模型有三种不同的模型。

(1) 换热方式为上、下水冷的模型 I

$$y^i(k) = \frac{1 - \theta_0^i - \theta_0^i \zeta_{\mathrm{top}}^i}{1 + \theta_0^i + \theta_0^i \zeta_{\mathrm{top}}^i} y^i(k-1) + \frac{\theta_0^i}{1 + \theta_0^i + \theta_0^i \zeta_{\mathrm{top}}^i} H_1^i(k-1) +$$
$$\frac{\theta_0^i}{1 + \theta_0^i + \theta_0^i \zeta_0^i} H_1^i(k) + \frac{2\theta_0^i \zeta_{\mathrm{top}}^i G_t}{1 + \theta_0^i + \theta_0^i \zeta_{\mathrm{top}}^i} \quad (3\text{-}59)$$

式中 $H_0^i(k-1)$、$H_1^i(k-1)$、$H_1^i(k)$ 满足下式

$$\begin{cases}
[1 + \theta_0^i + \theta_0^i \zeta_{\mathrm{top}}^i] y_i(k) = [1 - \theta_0^i - \theta_0^i \zeta_{\mathrm{top}}^i] y_i(k-1) + \theta_0^i H_1^i(k) + \\
\quad \theta_0^i H_1^i(k-1) + 2\theta_0^i \zeta_{\mathrm{top}} T_{\mathrm{mtop}} \\
(2 + 2\theta_1^i) H_1^i(k) = \theta_1^i y_i(k-1) + (2 - 2\theta_1^i) H_1^i(k-1) + \\
\quad \theta_1^i H_2^i(k-1) + \theta_1^i H_0^i(k) + \theta_1^i H_2^i(k) \\
\qquad \cdots\cdots \\
(2 + 2\theta_j^i) H_j^i(k) = \theta_j^i H_{j-1}^i(k-1) + (2 - 2\theta_j^i) H_j^i(k-1) + \\
\quad \theta_j^i H_{j+1}^i(k-1) + \theta_j^i H_{j-1}^i(k) + \theta_j^i H_{j+2}^i(k) \\
\qquad \cdots\cdots \\
(2 + 2\theta_{J-1}^i) H_{J-1}^i(k) = \theta_{J-1}^i H_{J-2}^i(k-1) + (2 - 2\theta_{J-1}^i) H_{J-1}^i(k-1) + \\
\quad \theta_{J-1}^i H_J^i(k) + \theta_{J-1}^i H_{J-1}^i(k) + \theta_{J-1}^i H_{J+1}^i(k) \\
(1 + \theta_J^i + \theta_J^i \zeta_{\mathrm{bottom}}^i) H_J^i(k) = \theta_J^i H_{J-1}^i(k-1) + (1 - \theta_J^i - \theta_J^i \zeta_{\mathrm{bottom}}^i) H_J^i(k-1) + \\
\quad \theta_J^i H_{J-1}^i(k) + 2\theta_J^i \zeta_{\mathrm{bottom}}^i T_{\mathrm{mbottom}}
\end{cases}$$

$$(3\text{-}60)$$

当带钢在冷却单元下存在上、下水冷方式时，第 i 段带钢上表面温度模型选择上、下表面水冷换热系数 $h_{\mathrm{w,top}}^i$、$h_{\mathrm{w,bottom}}^i$，介质温度选择冷却水温度 T_{w}，即

$$\theta_j^i = \frac{\Delta \tau}{\Delta d^2} s_j^i, \quad \zeta_{\mathrm{top}} = \frac{\Delta d}{\lambda_{\mathrm{top}}^i} h_{\mathrm{w,top}}^i, \quad \zeta_{\mathrm{bottom}} = \frac{\Delta d}{\lambda_{\mathrm{top}}^i} h_{\mathrm{w,bottom}}^i, \quad T_{\mathrm{mtop}} = T_{\mathrm{w}}, \quad T_{\mathrm{mbottom}} = T_{\mathrm{w}}$$

$$(3\text{-}61)$$

(2) 换热方式为上下空冷的模型 II

当带钢在冷却单元下存在上、下空冷方式时，第 i 段带钢上表面温度模型结构同式(3-59)，模型参数选择上、下表面空冷换热系数 $h_{\mathrm{e,top}}^i$、$h_{\mathrm{e,bottom}}^i$，介质温

度选择周围环境温度 T_e，具体参数定义如下：

$$\theta_j^i = \frac{\Delta \tau}{\Delta d^2} s_j^i, \quad \zeta_{top} = \frac{\Delta d}{\lambda_{top}^i} h_{e,top}^i, \quad \zeta_{bottom} = \frac{\Delta d}{\lambda_{top}^i} h_{e,bottom}^i, \quad T_{mtop} = T_e, \quad T_{mbottom} = T_e$$

$$(3\text{-}62)$$

（3）上水冷下空冷换热方式条件下的模型Ⅲ

当带钢在冷却单元下发生上水冷下空冷方式时，第 i 段带钢上表面温度模型结构同式(3-59)，模型参数选择上表面水冷换热系数 $h_{w,top}^i$、上表面介质温度选择冷却水温度 T_w，下表面空冷换热系数 $h_{w,bottom}^i$，下表面介质温度选择冷却水温度 T_e，具体参数定义如下：

$$\theta_j^i = \frac{\Delta \tau}{\Delta d^2} s_j^i, \quad \zeta_{top} = \frac{\Delta d}{\lambda_{top}^i} h_{w,top}^i, \quad \zeta_{bottom} = \frac{\Delta d}{\lambda_{top}^i} h_{e,bottom}^i, \quad T_{mtop} = T_w, \quad T_{mbottom} = T_e$$

$$(3\text{-}63)$$

第 i 段带钢在第 r 个冷却单元下上表面温度模型 $f_{im}^r(\cdot)$ 的初始条件为进入该冷却区时刻 $t_0 + i\Delta\overline{T} + \Delta t_{r-1}^i$ 初始温度 $H_j^i(t_0 + i\Delta\overline{T} + \Delta t_{r-1}^i)$，由公式(3-59)可以得到在该冷却区内任意时刻带钢厚度方向上的温度分布。

3.2.4.3 换热系数、导温系数、热导率

式(3-61)至式(3-63)中涉及的带钢上、下表面水冷换热系数 $h_{w,top}^i$、$h_{w,bottom}^i$，空冷换热系数 $h_{e,top}^i$、$h_{e,bottom}^i$、厚度方向上 j 节点的导温系数 s_j^i、上下表面热导率 λ_{top}^i、λ_{bottom}^i 具体定义如下：

（1）上、下带钢表面水冷换热系数

通过对大量现场数据进行分析，发现同一规格的钢板的段，水冷阀门位置越靠近起始阀门，温降越快；越远离起始阀门位置的水冷阀门，其温降越小，因此，对阀门位置进行加权处理，再结合文[56]，将带钢厚度、温度、运行速度分别作为独立影响因素考虑，兼顾冷却单元位置与水压关系，定义该段带钢在该冷却单元下上、下表面水冷换热系数为

$$h_{w,top}^i(t) = \left[2 - \left(\frac{r+1-N_{top}}{11}\right)^{0.12}\right] \frac{\alpha_k^i(G, F_d, F_T, F_v, \chi_T^i, \chi_v^i)}{100} \cdot$$
$$\left(\frac{v_{r-1}^i}{F_v}\right)^{\alpha_v(F_v)} \left(\frac{H_0^i(t)}{F_T}\right)^{\alpha_T(F_T)} \tag{3-64}$$

$$h_{w,bottom}^i(t) = \left[2 - \left(\frac{r+1-N_{top}}{11}\right)^{0.12}\right] \frac{\alpha_k^i(G, F_d, F_T, F_v, \chi_T^i, \chi_v^i)}{100} \cdot$$
$$\left(\frac{v_{r-1}^i}{F_v}\right)^{\alpha_v(F_v)} \left(\frac{H_j^i(t)}{F_T}\right)^{\alpha_T(F_T)} \tag{3-65}$$

其中 r 代表当前时刻第 i 段带钢所在冷却单元序号,由式(3-5)确定;v_{r-1}^i 为第 i 段带钢离开第 $r-1$ 个冷却单元(进入第 r 个冷却单元)时的运行速度,由式(3-9)确定;$\left[2-\left(\dfrac{r+1-N_{top}}{11}\right)^{0.12}\right]$ 为冷却单元间影响校正量;$H_0^i(t)$、$H_J^i(t)$ 为第 i 段带钢 t 时刻带钢厚度方向上 0 节点与 J 节点温度;χ_T^i,χ_v^i 代表第 i 段带钢在冷却区入口实测的温度和速度;比例系数 $\alpha_k^i(G,F_d,F_T,F_v,\chi_T^i,\chi_v^i)$、$\alpha_v(F_v)$、$\alpha_T(F_T)$ 代表参数与工况条件之间的函数关系式,具体分析如下。

① 比例系数 α_k^i

通过参数灵敏度[88]的分析可知,水冷换热系数中的比例参数 α_k 的变化对带钢卷取温度模型精度的影响最大,因此 α_k 的正确确定对提高整个卷取温度模型的精度非常关键。由于在冷却区的前半区域就已经完成大部分的冷却任务,冷却区后半部的温度将平缓下降到目标卷取温度,而前半区域的水冷换热特性受带钢进入冷却区的初始温度和初始速度的影响最大。相对来说,在冷却区内的带钢温度和速度变化可以忽略,因此,水冷换热系数中的比例参数 α_k 随带钢进入冷却区的初始温度和初始速度的变化而变化,考虑到带钢硬度等级、终轧机出口带钢厚度、温度和带钢头部速度对参数的影响,α_k 与变化工况之间的关系可以记为

$$\alpha_k = f_{\alpha_k}(G,F_d,F_T,F_v,\chi_T^i,\chi_v^i) \tag{3-66}$$

其中,$f_{\alpha_k}(\,\cdot\,)$ 代表参数 α_k^i 与变化工况之间的关系。由于产品任务及带钢轧制任务的需求,带钢规格经常处于变化状态,与带钢规格相关的带钢硬度等级、带钢厚度则随之发生变化,根据带钢规格不同需要设定不同的带钢温度及运行速度等,这种变化是非线性的,因此,函数关系 $f_{\alpha_k}(\,\cdot\,)$ 具有非线性变化的特性。

② 参数 $\alpha_v(F_v)$、$\alpha_T(F_T)$

相对于参数 α_k^i,参数 α_v、α_T 的变化对带钢卷取温度模型精度的影响相对较小,因此考虑每条带钢的终轧出口温度和速度的变化可以达到足够的精度[28]。另外,水冷换热公式(3-64)已经将带钢温度和速度作为独立影响因素考虑,带钢温度指数参数 α_T 与受温度变化影响最大,因此,α_T 与工况条件之间的关系可以简化为

$$\alpha_T = f_{\alpha_T}(F_T) \tag{3-67}$$

同理,α_v 与工况条件之间的关系简化为

$$\alpha_v = f_{\alpha_v}(F_v) \tag{3-68}$$

由于终轧带钢温度和速度的非线性变化,函数关系 $f_{\alpha_T}(\,\cdot\,)$、$f_{\alpha_v}(\,\cdot\,)$ 具有非线

性变化的特性,所不同的是,$f_{a_\mathrm{T}}(\cdot)$ 没有任何先验知识可以参考,而对于函数关系 $f_{a_\mathrm{T}}(\cdot)$,从一些实验可以归纳出简单规则,例如在一定速度范围内 α_v 随着速度的增加而变大,随速度的减小而减小,但在不同数据范围内其变化速率难以确定。

（2）上、下带钢表面空冷换热系数

上、下带钢表面空冷换热系数本书采用斯蒂芬-玻尔兹曼定律的经验修正形式[85]：

$$h_{\mathrm{e,top}}^i = \sigma \times \varepsilon \times \frac{[H_0^i(t)]^4 - (T_\mathrm{e})^4}{H_0^i(t) - T_\mathrm{e}} + 6.5 + 5.5 \times (v_{r-1}^i)^{0.8} \qquad (3\text{-}69)$$

$$h_{\mathrm{e,bottom}}^i = 0.8 \times \sigma \times \varepsilon \times \frac{[H_j^i(t)]^4 - (T_\mathrm{e})^4}{H_j^i(t) - T_\mathrm{e}} \qquad (3\text{-}70)$$

其中,$\sigma = 5.67 \times 10^{-8}\,[\mathrm{W/m^2 \cdot K^4}]$,为玻尔兹曼常数;$\varepsilon$ 为带钢的发射率,取 0.82;T_e 为环境温度。

（3）导温系数

导温系数的大小反映了带钢均衡温度的能力,通过实验和工程经验[64],带钢在各厚度节点导温系数定义为

$$s_j^i(t) = \begin{cases} 8.65 + (5.0 - 8.65)[H_j^i(t) - 400]/250, & H_j^i(t) \in [400, 650) \\ 5.0 + (2.75 - 5.0)[H_j^i(t) - 650]/50, & H_j^i(t) \in [650, 700) \\ 2.75 + (5.25 - 2.75)[H_j^i(t) - 700]/100, & H_j^i(t) \in [700, 800) \\ 5.25 + 0.002\,25[H_j^i(t) - 800], & H_j^i(t) \in [800, 1\,000) \end{cases}$$

$$(3\text{-}71)$$

（4）热导率

带钢热导率代表了带钢的导热特性,金属的热导率受多方面影响,其中最主要的是温度和运行速度。根据实验和大量工程经验,将带钢上、下表面热导率具体定义为[64]：

$$\lambda_{\mathrm{top}}^i(t) = 56.43 - \{0.036\,3 - \alpha_\mathrm{c}(G, F_\mathrm{T}, F_\mathrm{d})[v_{r-1}^i - \alpha_{\mathrm{vd}}(F_\mathrm{v})]\} \times H_0^i(t)$$

$$(3\text{-}72)$$

$$\lambda_{\mathrm{bottom}}^i(t) = 56.43 - \{0.036\,3 - \alpha_\mathrm{c}(G, F_\mathrm{T}, F_\mathrm{d})[v_{r-1}^i - \alpha_{\mathrm{vd}}(F_\mathrm{v})]\} \times H_j^i(t)$$

$$(3\text{-}73)$$

参数 $\alpha_\mathrm{c}(G, F_\mathrm{T}, F_\mathrm{d})$、$\alpha_{\mathrm{vd}}(F_\mathrm{v})$ 代表参数与工况之间的函数关系式,具体分析如下：

通过参数灵敏度的分析可知,参数 α_c、α_{vd} 的变化对卷取温度的影响相对较小,考虑每条带钢的终轧出口温度和速度的变化可以达到足够的精度。参数 α_c

是热导率的比例项,代表了带钢导热特性,与硬度等级、带钢温度、带钢厚度相关,即

$$\alpha_c = f_{\alpha_c}(G, F_T, F_d) \tag{3-74}$$

函数关系 f_{α_c} 代表未知的非线性关系,没有任何先验知识可以参考。

参数 α_{vd} 反映带钢速度变化对热导率的影响,和速度相关,即

$$\alpha_{vd} = f_{\alpha_{vd}}(F_v) \tag{3-75}$$

$f_{\alpha_{vd}}(\cdot)$ 代表未知的非线性关系,但有一些先验知识可以参考,例如在一定速度范围内 α_{vd} 随着速度的增加而变大,随速度的减小而减小,但在不同数据范围内其变化速率难以确定。

3.2.4.4　模型参数混合智能估计

从上述的分析可知,每段带钢水冷换热系数中的比例系数 α_k、水冷换热系数中的速度指数 α_v、温度指数 α_T、热导率中的比例参数 α_c 及 α_{vd} 具有随工况条件的变化而呈非线性变化的复杂特性,且没有参数的实测值可以直接作为导师信号,难以采用常规的参数辨识的方法对参数进行估计。

虽然石化行业中已经有很多关于利用动态整定模型参数,适应边界条件变化的研究成果,例如最小化模型输出与实际输出之间的偏差指标函数进行参数优化[89]的最小二乘以及非线性最小二乘传统方法,在参数估计中引入动态性能指标,使参数估计直接与过程性能联系起来的连续二次规划方法[92,91]、非线性二次规划方法、遗传算法[93]等。由于这些未知参数具有随工况条件的变化而呈非线性变化的复杂特性,且没有参数的实测值可以直接作为导师信号,最小二乘法难以直接应用。而二次规划及遗传算法由于其复杂的寻优过程,只能离线进行。

本节在上述参数相关因素分析的基础上,给出随工况条件的变化确定未知参数的方法。

上述工况条件有两类,一是带钢硬度 G 和终轧机出口的带钢厚度 F_d、温度 F_T 和带钢头部速度 F_v,二是带钢进入冷却区前的实测带钢温度 χ_T^i 和速度 χ_v^i [χ_T^i、χ_v^i 由冷却区入口处 $(t_0 + i\Delta T)$ 实测得到]。对应一条带钢只对应一组终轧数据 G、F_d、F_T、F_v 和 I 组实测 χ_T^i 和 χ_v^i 数据,其中 I 为带钢总段数。由于 G、F_d、F_T、F_v 代表了整条带钢的平均水平,而冷却区入口位置实测带钢温度和运行速度在一定范围内波动,终轧数据和实测数据具有不同的变化频率,因此,本书对参数 α_k 可以分两步估计,即首先利用 G、F_d、F_T、F_v 估计初始值 α_{k0},再根据该段带钢在冷却区入口实测温度 χ_T^i、实测速度 χ_v^i 与终轧机出口数据 F_T 和

F_v 之间的偏差计算 $\Delta\alpha_k^i$，对初始值 r_{k0} 进行自动修正。即

$$\alpha_k^i = \alpha_{k0} + \Delta\alpha_k^i \qquad (3-76)$$

其中

$$\alpha_{k0} = f_{kh}(G, F_d, F_T, F_v) \qquad (3-77)$$
$$\Delta\alpha_k^i = f_{ki}[\Delta\chi_T(t_0 + i\Delta\overline{T}), \Delta V_v(t_0 + i\Delta\overline{T})]$$

$$\Delta\chi_T(t_0 + i\Delta\overline{T}) = \chi_T(t_0 + i\Delta\overline{T}) - F_T(t_f) \qquad (3-78)$$
$$\Delta\chi_v(t_0 + i\Delta\overline{T}) = \chi_v(t_0 + i\Delta\overline{T}) - F_v(t_f)$$

式中 $f_{kh}(\cdot)$ 代表未知的非线性关系，难以用数学模型精确描述，且没有任何先验知识可以参考，这意味着必须采用数据建模的方法进行参数的估计，由于 RBF 网络具有只要有足够中间隐层节点，就能够以任意小的误差逼近任何函数、训练简洁、学习效率高等优点[94]，第一步确定 α_{k0} 采用基于径向基函数（RBF）的神经网络进行估计；动态修正量 $\Delta\alpha_k^i$ 与偏差量（$\Delta\chi_T(t_0 + i\Delta\overline{T})$、$\Delta\chi_v(t_0 + i\Delta\overline{T})$）的关系 $f_{ki}(\cdot)$ 是未知的非线性关系，且修正量 $\Delta\alpha_k^i$ 具有离散跳变特性，由于案例推理技术不依赖精确模型，并能针对离散特性的关系进行有效处理，在很多工业领域已经得到广泛应用，基于此，本书在第二步动态修正采用案例推理技术（CBR）。两步估计策略不但充分利用了不同变化频率的数据，还保证了参数估计的精度。

参数 α_T、α_c 与工况条件之间函数关系 $f_{\alpha_T}(\cdot)$、$f_{\alpha_c}(\cdot)$ 具有未知非线性变化特点，因此可以用 RBF 网络进行描述；参数 α_v、α_{vd} 与工况之间的函数关系 $f_{\alpha_v}(\cdot)$、$f_{\alpha_{vd}}(\cdot)$ 具有未知非线性变化特点，但在一定速度范围内 α_v、α_{vd} 随着速度的增加而变大，随速度的减小而减小，而在不同数据范围内其变化速率未知。由于基于一阶 Sugeno 函数的自适应神经模糊推理系统（ANFIS）可以根据数据自动确定不同数据范围内的速率和隶属度函数参数[106]，可以采用 ANFIS 系统进行建模。

下面具体给出参数估计的策略和具体算法。

3.2.4.4.1 参数估计策略

根据上述参数与工况之间的关系分析，本书提出了如图 3-14 所示的模型参数混合智能估计方法。参数 α_k^i 估计器采用两步估计结构对 α_k^i 进行估计。第一步利用 RBF 网络技术根据 G、F_d、F_T、F_v 确定参数 α_k^i 初始值 α_{k0}，第二步利用案例推理技术采用冷却区入口位置该段带钢的实测温度 $\chi_T(t_0 + i\Delta\overline{T})$ 和运行速度 $\chi_v(t_0 + i\Delta\overline{T})$ 在初始值 α_{k0} 的基础上自动调整，利用调整量 $\Delta\alpha_k^i$ 结合 α_{k0}

得到该段带钢对应的 α_k^i；参数 α_T 和 α_c 利用 RBF 网络技术对其进行估计，根据终轧机出口带钢温度 F_T 确定参数 α_T，根据硬度等级 G、终轧机出口带钢温度 F_T、带钢厚度 F_d 确定参数 α_c；参数 α_v、α_{vd} 采用基于一阶 Sugeno 函数的自适应神经模糊推理系统技术根据终轧机出口带钢头部速度 F_v 进行估计。

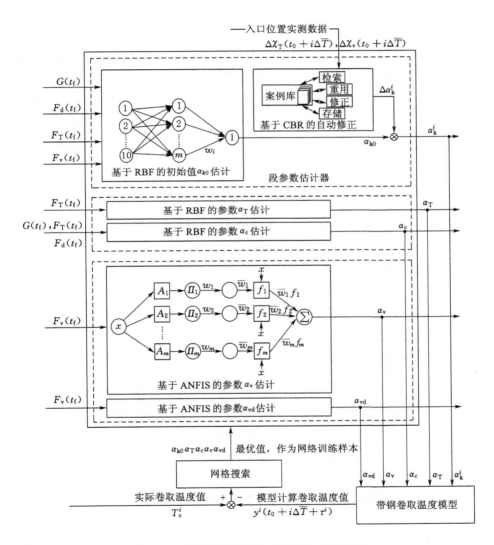

图 3-14　层流冷却过程非线性参数估计方法

上述参数估计策略中,对参数的 α_{k0}、α_v、α_{vd}、α_T、α_c 的估计在带钢离开终轧机时刻 t_f 启动一次,根据硬度等级 G、终轧机出口带钢厚度 F_d、带钢温度 F_T、带钢头部速度 F_v 对每条带钢调整一次。进入冷却区后,根据冷却区入口位置的实测带钢温度和运行速度数据,对每段带钢水冷换热系数的比例参数 α_k^i 进行自动调整。

在实际层流冷却系统中,由于上述参数不能在线测得,因此需要设法寻找符合条件的理想参数才能完成具体的神经网络训练和学习。由于网格寻优搜索方法可以遍历变量空间,通过计算空间各点指标函数,必然可以找到最优意义的理想参数,且该方法已被广泛应用于寻找最优参数,例如文[108,107]采用网格搜索方法找到了最优的向量机核函数参数值,本书采用最简单可行的等步长网格搜索方法,找出符合下列性能指标函数的最优参数 α_{k0}、α_v、α_{vd}、α_T、α_c 用来进行神经网络训练:

$$J_h = \frac{1}{I} \sum_{i=1}^{I} \mid T_c^i - y^i(t_0 + i\Delta \overline{T} + \tau^i) \mid \tag{3-79}$$

其中 I 为带钢总段数,上式意义为以所有段的实测卷取温度 T_c^i 与第 i 段带钢上表面温度模型计算的卷取时刻温度 $y^i(t_0 + i\Delta \overline{T} + \tau^i)$ 之间的平均绝对偏差作为指标函数。通过划分网格,利用网格寻优搜索技术在变量空间上寻找使 J_h 最小的最优参数值,并以该条带钢对应的硬度等级 G、终轧机出口带钢厚度 F_d、带钢温度 F_T、带钢头部速度 F_v 和符合条件的最优参数作为神经网络的训练样本,构造网络的导师学习信号。

3.2.4.4.2　参数估计算法

(1) 段参数 α_k^i 的估计

① 基于 RBF 网络技术的初始值 α_{k0} 估计

参数 α_{k0} 的第一步估计采用 RBF 网络技术,网络输入为硬度等级 G,终轧机出口带钢厚度 F_d,带钢温度 F_T 及带钢头部速度 F_v,网络输出为 α_{k0}。由于高斯函数形式简单、径向对称、光滑性好、易解析,因此采用高斯函数作为激活函数,采用 $4-n_c-1$ 的网络结构,n_c 为隐层节点数;输入节点数为 4,则参数估计值 α_{k0} 可以表示为

$$Y(X;W;c;\sigma) = W^T \Phi[X;c;\sigma] \tag{3-80}$$

其中,W 为估计权值矩阵;Φ 为激活函数;$c \in R^{4 \times h}$,$\sigma \in R^h$ 分别为隐节点中心估计值和标准化参数,其中

$$Y = \alpha_{k0}$$

$$X = [G, F_T, F_d, F_v]^T \in R^{4 \times 1}$$

$$W = [w_1, \cdots, w_h]^T$$

$$c = [c_1, \cdots, c_h]$$

$$\sigma = [\sigma_1, \cdots, \sigma_h]^T \tag{3-81}$$

$$\Phi[X(k); c; \sigma] = [\Phi_1[X(k); c_1; \sigma_1], \cdots, \Phi_h[X(k); c_h; \sigma_h]]^T$$

$$\Phi[X(k); c_i; \sigma_i] = \exp\left\{ -\frac{1}{2}\left[\frac{\| X(k) - c_i \|^2}{\sigma_i^2} \right] \right\}$$

隐层节点中心 c_i 和数目 n_c 的选取是关键问题。不恰当的选择会使网络隐层节点空间无法实现从非线性的输入空间到线性输出空间的转换。参数 α_{k0} 的学习方法采用减法聚类算法[106]，对样本 $[X(q), \alpha_{k0}(q)]$ 进行归一化之后，进行如下步骤的减法聚类过程：

If $\quad P_q / P_{\max} > \eta_1$,

　then $\quad n_c = n_c + 1$, $c_i = X(q)$; $w_i = \alpha_{k0}(q)$;

　If $\quad P_q / P_{\max} < \eta_2$,

$$\text{then } n_m = n_m + 1, c_m = \frac{\sum_{q=1}^{n_m} X(q)}{n_m}; w_q = \frac{\sum_{q=1}^{n_m} \alpha_{k0}(q)}{n_m}, [X(q), \alpha_{k0}(q)] \in \Phi_m$$

　If $\quad P_q / P_{\max} > \eta_2$ and $d_m > r_{th}$ and $P_i > P_{th}$,

　then $\quad n_c = n_c + 1$, $c_q = X(q)$; $w_q = \alpha_{k0}(q)$

$$\text{Else } n_m = n_m + 1, c_m = \frac{\sum_{q=1}^{n_m} X(q)}{n_m} w_q = \frac{\sum_{q=1}^{n_m} \alpha_{k0}(q)}{n_m}; [X(q), \alpha_{k0}(q)] \in \Phi_m$$

$$\tag{3-82}$$

其中

$$P_k = \sum_{q=1}^{n} \exp\left[-\frac{\| X(q) - X(k) \|^2}{\left(\frac{r_a}{2} \right)^2} \right]$$

$$P_q = P_q - P_{\max} \exp\left[-\frac{\| X(q) - X_{\max} \|}{(r_b/2)^2} \right] \tag{3-83}$$

$$P_{\max} = \max(P_1, P_2, \cdots, P_k, \cdots, P_n)$$

$$d_m = \| X(q) - c_m \| = \min(\| X(q) - c_1 \|,$$

$$\| X(q) - c_2 \|, \cdots, \| X(q) - c_h \|)$$

其中 $X=[G,F_{\text{T}},F_{\text{d}},F_{\text{v}}]^{\text{T}}\in R^{4\times1}$；$n$ 代表样本数；n_{c} 代表隐层节点数；c_i 为初始聚类中心；w_{q} 代表连接权系数；Φ_m 为隶属于第 m 个聚类的数据对；n_m 为隶属于第 m 个聚类的样本个数；η_1 和 η_2 为给定接受比和拒绝比；r_{a}、r_{b}、r_{th}、P_{th} 为给定合理值。

② 基于 CBR 的动态修正

经过第一步的粗略估计后，采用案例推理技术对初始值 α_{k0} 进行动态修正。CBR 推理系统根据冷却区入口位置的实测带钢温度与终轧机出口带钢温度之间的偏差、实测运行速度与终轧机出口带钢头部速度之间的偏差推理得到动态修正值 $\Delta\alpha_{\text{k}}^i$。案例推理系统经过案例检索、案例重用两个阶段[104,109,110]最终得到参数动态修正值 $\Delta\alpha_{\text{k}}^i$。首先将该段带钢在冷却区入口位置实测温度 $\chi_{\text{T}}(t_0+i\Delta\overline{T})$、实测速度 $\chi_{\text{v}}(t_0+i\Delta\overline{T})$ 与终轧机出口带钢温度 F_{T}、带钢头部速度 F_{v} 做偏差计算，以实测干扰 $\Delta\chi_{\text{T}}(t_0+i\Delta\overline{T})$、$\Delta\chi_{\text{v}}(t_0+i\Delta\overline{T})$ 作为检索特征，在案例库中进行检索和重用得到各段带钢的修正量 $\Delta\alpha_{\text{k}}^i$，再将 $\Delta\alpha_{\text{k}}^i$ 与第一步估计的 α_{k0} 做和得到每段带钢的参数估计值 α_{k}^i。为了验证该估计值的正确性，将 α_{k}^i 代入相应第 i 段带钢上表面温度模型计算该段的卷取温度 $y^i(t_0+i\Delta\overline{T}+\tau^i)$，将 $y^i(t_0+i\Delta\overline{T}+\tau^i)$ 与实测的卷取温度 T_{c}^i 做比较，进行误差分析，如果模型偏差在 $\pm5\,℃$ 以内认为该参数合格，否则需要修正后再进行案例存储。下面针对案例表示、案例检索、案例重用几个步骤进行详细描述。

· 基于结构化框架表达的参数修正量 $\Delta\alpha_{\text{k}}^i$ 的案例表示

案例表示是案例推理的基础，案例推理技术在很大程度上取决于所收集案例的表示结构和内容。案例属于专家经验知识，而知识的表示方法目前使用较多的方法有一阶谓词表示法、产生式规则表示法、框架表达法、语义网络表示法、脚本法、过程表示法、Petri 网法[115]、面向对象法[116]等。案例推理过程中的操作工况经验知识一般是以结构化的方式表示的，是对应领域的结构化描述[117]，因此本书案例采用基于框架结构的表示法。

表 3-4 中，案例库中案例由检索特征和解特征组成，检索特征由 $\Delta\chi_T$、$\Delta\chi_v$ 组成，解特征为 $\Delta\alpha_k$，各自形成层次框架。即案例是用检索特征"C"和解特征"Y"信息表示的一个 2 元组 $Case=(C,Y)$。其中"$Case$"代表一条案例。"C"代表问题描述，包括实测温度偏差 $\Delta\chi_T$、实测速度偏差 $\Delta\chi_v$ 两项。问题案例的检索特征由 $\Delta\chi_T^i$、$\Delta\chi_v^i$ 组成，解特征 Y 为 $\Delta\alpha_k^i$。

表 3-4　　　　　　　　　　　　　　　　**案例结构**

检索特征		解特征
x_1	x_2	$\Delta\alpha_k$
$\Delta\chi_T$	$\Delta\chi_v$	

- 参数 $\Delta\alpha_k^i$ 案例库的建立

由于基于 CBR 技术的第二步自动调整的功能是根据实测偏差给出在参数 α_{k0} 基础上的调整量 $\Delta\alpha_k^i$,该调整量是否准确根据将段参数 $\alpha_k^i(=\alpha_{k0}+\Delta\alpha_k^i)$ 代入第 i 段带钢温度模型计算的卷取温度 $y^i(t_0+i\Delta\overline{T}+\tau^i)$ 是否与实测的卷取温度 T_c^i 相接近进行判断,因此,建立参数 $\Delta\alpha_k^i$ 案例库时,采用下列指标函数

$$J_h = |T_c^i - y^i(t_0 + i\Delta\overline{T} + \tau^i)| \tag{3-84}$$

利用网格寻优搜索技术,以式(3-84)为搜索指标,找到使之最小的对应参数 $\Delta\alpha_k^i$,并与对应的该段带钢实测偏差 $\Delta\chi_T(t_0+i\Delta\overline{T})$、$\Delta\chi_v(t_0+i\Delta\overline{T})$ 组成案例,存入案例库,从而建立层流冷却过程被控对象的参数 $\Delta\alpha_k^i$ 案例库。

- 基于相联检索的案例检索

案例推理系统的检索方法主要分为三种:相联检索、层次检索、基于知识的检索[101]。相联检索是对应于最近邻法的检索方式,最近邻法为事例的每个属性指定一个权值,检索案例时就可以根据输入事例与事例库中的事例的各个属性的匹配程度的加权和来挑选最佳匹配的事例。最近邻算法结合了领域知识,大多数 CBR 系统都采用该算法,最简单的最近邻算法是采用加权平均的方法,将所有的特征的相似度经过加权加总后就可以得到两个案例的相似度[102]。

本书采用基于最近邻的相联检索方式,查找案例库中与当前实际工况偏差相近的偏差工况。由于检索特征都是数值型,相似度函数采用欧几里得距离 d_{pq} 定义:

$$d_{pq} = [w_1^2(\Delta\chi_T^p - \Delta\chi_T^q)^2 + w_2^2(\Delta\chi_v^p - \Delta\chi_v^q)^2]^{1/2} \tag{3-85}$$

其中 $\Delta\chi_T^p$、$\Delta\chi_T^q$ 代表案例 p 和 q 的温度偏差项检索特征;$\Delta\chi_v^p$、$\Delta\chi_v^q$ 代表案例 p 和 q 的运行速度偏差项检索特征;w_1、w_2 分别代表温度偏差项和运行速度偏差项的加权系数,表征其重要程度。则案例 p,q 的相似度定义为

$$SM_{pq} = \frac{1}{1+\mu d_{pq}} \tag{3-86}$$

其中 μ 为一正实数,根据实际数据分布选择。当所有权重相等,均为 1 时,$SM_{pq}^w = SM_{pq}^1$。

检索特征的加权系数表征了特征对案例解的重要程度,能否正确确定检索

特征的加权系数,将直接影响最终的检索结果。文[28]采用经验给定的方法,缺乏客观依据。由于检索特征的加权系数本质是非线性的,本书提出采用神经网络技术自动进行检索特征加权系数的学习。参考文[118],本书采用如图3-15所示的三层网络结构,输入层为 4 个节点,中间隐层个数为检索特征数,即2 个节点,输出层为 2 个,分别输出 SM_{pq}^{w} 和 SM_{pq}^{1}。

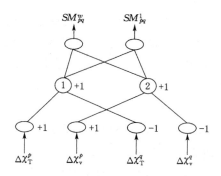

图 3-15   检索特征的权重神经网络结构

网络学习的性能评价指标为

$$E(w) = \sum_{p} \sum_{q(p \neq q)} \left[SM_{pq}^{w}(1 - SM_{pq}^{1}) + SM_{pq}^{1}(1 - SM_{pq}^{w}) \right] \tag{3-87}$$

当 p 和 q 案例之间的相似度趋向于 $0(SM_{pq}^{1} < 0.5)$ 或者 $1(SM_{pq}^{1} > 0.5)$ 时,该评价指标都会减小。我们的目的是寻找特征权重,使 $E(w)$ 最小。采用梯度下降法训练网络,w 的学习率为

$$\Delta w_{m} = -\varepsilon \frac{\partial E}{\partial w_{m}},\ m = 1, 2,\ \varepsilon = 0.01 \tag{3-88}$$

式中

$$\frac{\partial E}{\partial w_{m}} = \sum_{p} \sum_{q(p \neq q)} (1 - 2 \cdot SM_{pq}^{w}) \frac{\partial SM_{pq}^{w}}{\partial d_{pq}^{w}} \frac{\partial d_{pq}^{w}}{\partial w_{m}} \tag{3-89}$$

$$\frac{\partial SM_{pq}^{w}}{\partial d_{pq}^{w}} = \frac{-\mu}{(1 + \mu d_{pq}^{w})^{2}} \tag{3-90}$$

$$\frac{\partial d_{pq}^{w}}{\partial w_{1}} = \frac{w_{1}(\Delta \chi_{T}^{p} - \Delta \chi_{T}^{q})^{2}}{\left[w_{1}^{2}(\Delta \chi_{T}^{p} - \Delta \chi_{T}^{q})^{2} + w_{2}^{2}(\Delta \chi_{v}^{p} - \Delta \chi_{v}^{q})^{2} \right]^{\frac{1}{2}}} \tag{3-91}$$

$$\frac{\partial d_{pq}^{w}}{\partial w_{2}} = \frac{w_{2}(\Delta \chi_{v}^{p} - \Delta \chi_{v}^{q})^{2}}{\left[w_{1}^{2}(\Delta \chi_{T}^{p} - \Delta \chi_{T}^{q})^{2} + w_{2}^{2}(\Delta \chi_{v}^{p} - \Delta \chi_{v}^{q})^{2} \right]^{\frac{1}{2}}} \tag{3-92}$$

训练好的神经网络用于计算问题案例和案例库中的历史案例之间的相似度计算,最终检索出案例相似度大于检索阈值 SIM_v 的所有相似案例。

· 基于替换法的案例重用

案例检索阶段结束。接着进入案例重用阶段。案例重用阶段是根据对新案例特征的描述,决定如何由检索出的匹配案例解决方案得到新案例解决方案的过程。案例重用阶段是案例推理过程中的难点,在一些简单的系统中,可以直接将检索到的匹配案例解决方案复制到新案例,作为新案例的解决方案。这种方法适用于推理过程复杂,但解决方案很简单的问题。在多数情况下,由于案例库中不存在与新案例完全匹配的存储案例,所以需要对存储案例的解决方案进行调整以得到新案例的解决方案。简单的案例调整需要对过去解中的某些组成部分进行简单替换,复杂的调整甚至需要修改过去解的整体结构。案例重用一般有四类方法:替换法、转换法、特定目标驱动法以及派生重演法[119]。由于本书面对的问题是问题求解类型,问题案例与历史案例具有相同的案例表示结构、相同的案例描述属性,因此,案例重用阶段采用替换法。

例,设在案例检索阶段共检索出 L 条案例相似度大于 0.85 的案例 c_1,$c_2,\cdots,c_L$,对应的案例解为 $\Delta\alpha_{k,1}^i i,\Delta\alpha_{k,2}^i,\cdots,\Delta\alpha_{k,L}^i$,问题案例的案例相似度分别为 $SM_{p,c_1},SM_{p,c_2},\cdots,SM_{p,c_L}$。我们采用下式重用得出当前工况下的案例解 $\Delta\alpha_k^i$:

$$\Delta\alpha_k^i = \frac{\sum\limits_{h=1}^{n} SM_{p,c_h} \times \Delta\alpha_{k,h}^i}{\sum\limits_{h=1}^{n} SM_{p,c_h}} \qquad (3\text{-}93)$$

即将检索出来的历史案例与问题案例的相似度作为加权值对所有近似案例进行求和,对检索案例解进行调整替代得到新值。一旦得到重用案例,就作为合适的 $\Delta\alpha_k^i$ 送出。结合式(3-76)获得当前段的 α_k^i。

(2)参数 α_T 和 α_c 的估计方法

采用 RBF 网络建立参数 α_T 和 α_c 与其影响因素之间的关系。参数 α_T 的 RBF 辨识网络为 $1-m_1-1$ 的结构,输入节点为 1 个,连接终轧机出口带钢温度 F_T,m_1 个隐层节点,一个节点输出参数 r_T。参数 α_c 的辨识网络采用 $3-m_2-1$,3 个输入节点连接硬度等级 G、终轧机出口带钢温度 F_T、带钢厚度 F_d,m_2 个隐层节点,一个输出节点输出参数 α_c。具体参数确定方法同前,不再赘述。

(3)参数 α_v、α_{vd} 的估计方法

本书采用 ANFIS 网络建立参数 α_v、α_{vd} 与变化工况之间的关系。以 α_v 为例,模型输入为 F_v,模型输出为 α_v。规则形式为:

$$\text{If } F_v \text{ is } \quad C_v, \text{ then } \quad \alpha_v(m) = k_m F_v + b_m \quad m = 1, 2, 3, \cdots, P \quad (3\text{-}94)$$

其中,P 表示规则数,F_v 为终轧机出口带钢头部速度,C_v 为输入论域上的模糊集合。k_m 和 b_m 为对应于第 m 条规则的线性函数参数。

首先采用减法聚类确定规则数进而确定网络结构,然后采用混合算法训练调整所有参数[106]。固定条件参数,网络输出可以写为

$$\alpha_v = \overline{\omega}_1(k_1 x + b_1) + \overline{\omega}_2(k_2 x + b_2) + \cdots + \overline{\omega}_P(k_P x + b_P)$$

$$= (\overline{\omega}_1 x)k_1 + \overline{\omega}_1 b_1 + (\overline{\omega}_2 x)k_2 + \overline{\omega}_2 b_2 + \cdots + (\overline{\omega}_P x)k_P + \overline{\omega}_P b_P$$

$$= \boldsymbol{\varphi}\boldsymbol{\theta} \quad (3\text{-}95)$$

其中

$$\boldsymbol{\varphi} = [\overline{\omega}_1 x, \overline{\omega}_2 x, \cdots, \overline{\omega}_P x, \overline{\omega}_1, \overline{\omega}_2, \cdots, \overline{\omega}_P]; \quad \boldsymbol{\theta} = [k_1, k_2, \cdots, k_P, b_1, b_2, \cdots, b_P]$$

$$(3\text{-}96)$$

采用递推最小二乘方法计算参数 $\boldsymbol{\theta}$ 初值:

$$\hat{\boldsymbol{\theta}}(k+1) = \hat{\boldsymbol{\theta}}(k) + S(k+1)\boldsymbol{\varphi}^{\mathrm{T}}(k+1)[r_v^*(k+1) - \boldsymbol{\varphi}(k+1)\hat{\boldsymbol{\theta}}(k)]$$

$$(3\text{-}97)$$

$$S(k+1) = I - \frac{\boldsymbol{\varphi}^{\mathrm{T}}(k+1)\boldsymbol{\varphi}(k+1)S(k)}{1 + \boldsymbol{\varphi}(k+1)\boldsymbol{\varphi}^{\mathrm{T}}(k+1)}$$

其中 $\gamma = 0.9$,$\alpha_v^*(k+1)$ 为经过网格搜索得到的优化参数值。接着固定结论参数,误差信号反传,用梯度下降法更新条件参数。性能函数取

$$E = \sum_{k=1}^{P} [\alpha_v^*(k) - \alpha_v]^2 \quad (3\text{-}98)$$

假设隶属度函数层采用钟形函数,以隶属度函数参数 η_k 的学习为例,其学习率为

$$\Delta \eta_k = -\beta \frac{\partial E}{\partial \eta_k}, \beta = 0.01;$$

$$\frac{\partial E}{\partial \eta_k} = \frac{\partial E}{\partial r_v} \frac{\partial r_v}{\partial \omega_k} \frac{\partial \omega_k}{\partial \eta_k} = 2 \sum_{k=1}^{P} [\alpha_v^*(k) - \alpha_v] \frac{k_k x + \eta_k}{\omega_1 + \omega_2 + \cdots + \omega_m} \frac{\partial \omega_k}{\partial \eta_k}$$

$$\frac{\partial \omega_k}{\partial \eta_k} = \frac{2}{\left[1 + \left|\dfrac{x_k - c_k}{r_k}\right|^{2\eta_k}\right]^2} \cdot \left|\frac{x_k - c_k}{r_k}\right|^{2\eta_k} \cdot \ln\left|\frac{x_k - c_k}{r_k}\right| \quad (3\text{-}99)$$

综上所述,假设利用 M 条带钢数据建立未知非线性参数 α_k^i、α_v、α_{vd}、α_T、α_c

估计模型,具体算法总结如下:

① 利用 M 条带钢所有卷取温度 T_c^i 根据性能指标式(3-84)采用网格寻优搜索技术建立参数 $\Delta\alpha_k^i$ 的案例库。再利用指标函数式(3-79)采用网格搜索得到 M 个参数 α_{k0}、α_v、α_{vd}、α_T、α_c 的最优值,并与每条带钢对应的终轧数据 G、F_d、F_v、F_T 组成 M 个样本,作为神经网络的训练样本,构造导师信号。

② 利用任意一个样本的终轧机给定数据 G、F_d、F_v、F_T,进行参数 α_k 的基于 RBF 的第一步估计,得到初始估计值 α_{k0},再根据这些参数采用 RBF 参数估计方法得到参数 α_T、α_c 的估计值,根据基于 ANFIS 的参数估计方法得到参数 α_v、α_{vd} 的估计值。

③ 根据每段带钢在冷却区入口位置实测初始温度 $\chi_T(t_0 + i\Delta\overline{T})$ 和运行速度 $\chi_v(t_0 + i\Delta\overline{T})$,采用 CBR 技术的进行参数 α_k^i 的第二步自动调整方法,得到带钢的段参数调整量 $\Delta\alpha_k^i$,再根据公式(3-76),依次得到带钢每段参数 α_k^i 估计值。

④ 将上述参数 α_k^i、r_v、v_d、r_T、c 参数估计值代入式(3-64)、式(3-65)和式(3-72)、式(3-73)计算每段带钢对应的水冷换热系数和热导率,再将(3-69)和式(3-70)计算的空冷换热系数、式(3-71)计算的导温系数代入第 i 段带钢上表面温度模型,计算带钢卷取温度 $y^i(t_0 + i\overline{T} + \tau^i)$。

⑤ 给出下一个样本,返回第②步。

3.2.5　层流冷却过程带钢卷取温度模型

在上述模型结构和模型参数的分析基础上,本节对层流冷却过程带钢卷取温度模型进行总结并给出具体算法步骤。

(1) 层流冷却过程带钢卷取温度模型

带钢卷取温度模型可以由第 i 段的卷取温度表示,而卷取温度为离开最后一个冷却单元时刻的温度。最后一个冷却单元代表冷却区出口到卷取机之间的区域,为上下空冷的换热方式,因此利用最后第 i 段带钢在最后一个冷却单元下的模型 $f_{\text{lm}}^R(\cdot)$ 可以得到卷取温度,利用上下空冷换热条件下的模型 II 式(3-59)可得第 i 段带钢卷取温度为:

$$y^i(k_c) = \frac{1 - \theta_0^i - \theta_0^i \zeta_{\text{top}}^i}{1 + \theta_0^i + \theta_0^i \zeta_{\text{top}}^i} y_0^i(k_c - 1) + \frac{\theta_0^i}{1 + \theta_0^i + \theta_0^i \zeta_{\text{top}}^i} H_1^i(k_c - 1) +$$

$$\frac{\theta_0^i}{1 + \theta_0^i + \theta_0^i \zeta_{\text{top}}^i} H_1^i(k_c) + \frac{2\theta_0^i \zeta_{\text{top}}^i T_e}{1 + \theta_0^i + \theta_0^i \zeta_{\text{top}}^i} \tag{3-100}$$

$y^i(k_c - 1)$、$H_1^i(k_c - 1)$、$H_1^i(k_c)$ 满足下式

$$\begin{cases}
[1+\theta_0^i+\theta_0^i\zeta_{\text{top}}^i]y^i(k_c)=[1-\theta_0^i-\theta_0^i\zeta_{\text{top}}^i]y_i(k_c-1)+\theta_0^iH_1^i(k_c)+ \\
\qquad \theta_0^iH_1^i(k_c-1)+2\theta_0^i\zeta_{\text{top}}^iT_e \\
(2+2\theta_1^i)H_1^i(k_c)=\theta_1^iy^i(k_c-1)+(2-2\theta_1^i)H_1^i(k_c-1)+\theta_1^iH_2^i(k_c-1)+ \\
\qquad \theta_1^iH_0^i(k_c)+\theta_1^iH_2^i(k_c) \\
\qquad\qquad\qquad \cdots\cdots \\
(2+2\theta_j^i)H_j^i(k_c)=\theta_j^iH_{j-1}^i(k_c-1)+(2-2\theta_j^i)H_j^i(k_c-1)+\theta_j^iH_{j+1}^i(k_c-1)+ \\
\qquad \theta_j^iH_{j-1}^i(k_c)+\theta_j^iH_{j+2}^i(k_c) \\
\qquad\qquad\qquad \cdots\cdots \\
(2+2\theta_{j-1}^i)H_{j-1}^i(k_c)=\theta_{j-1}^iH_{j-2}^i(k_c-1)+(2-2\theta_{j-1}^i)H_{j-1}^i(k_c-1)+ \\
\qquad \theta_{j-1}^iH_j^i(k_c-1)+\theta_{j-1}^iH_{j-1}^i(k_c)+\theta_{j-1}^iH_{j+1}^i(k_c) \\
(1+\theta_j^i+\theta_J^i\zeta_{\text{bottom}}^i)H_j^i(k_c)=\theta_j^iH_{j-1}^i(k_c-1)+[1-\theta_j^i-\theta_j^i\zeta_{\text{bottom}}^i]H_j^i(k_c-1)+ \\
\qquad \theta_j^iH_{j-1}^i(k_c)+2\theta_j^i\zeta_{\text{bottom}}^iT_e
\end{cases}$$

$$(3\text{-}101)$$

$$\theta_j^i=\frac{\Delta\tau}{\Delta d^2}s_j^i,\quad \zeta_{\text{top}}=\frac{\Delta d}{\lambda_{\text{top}}^i}h_{e,\text{top}}^i,\quad \zeta_{\text{bottom}}=\frac{\Delta d}{\lambda_{\text{top}}^i}h_{e,\text{bottom}}^i,\quad k_c=\frac{\tau^i-\Delta t_{R-1}^i}{\Delta\tau} \quad (3\text{-}102)$$

其中 $\Delta\tau$ 为时间差分步长。当上述方程依次向前递推过程中需要用到所有冷却单元的冷却模型,时刻 t 时,假设选择第 r 个冷却单元模型 $f_{\text{im}}^r(\cdot)$ 时有:

$$y^i(k)=f_{\text{cm}}^r[y^i(k-1),H_1^i(k-1),H_1^i(k)] \qquad (3\text{-}103)$$

其中 k 满足 $k\Delta\tau=t-t_0-i\Delta\overline{T}-\Delta t_{r-1}^i$。时刻 t 采用的模型 $f_{\text{im}}^r(\cdot)$ 中的冷却单元序号 r 由式(3-5)确定,即

如果

$$t_0+i\Delta\overline{T}+\Delta t_{r-1}^i<t\leqslant t_0+i\Delta\overline{T}+\Delta t_r^i \qquad (3\text{-}104)$$

那么该段处于第 r 个冷却单元。

其中 $t_0+i\Delta\overline{T}+\Delta t_{r-1}^i$ 代表进入第 r 个冷却单元的时刻,$t_0+i\Delta\overline{T}+\Delta t_r^i$ 代表离开第 r 个冷却单元的时刻。$f_{\text{im}}^r(\cdot)$ 采用何种换热方式的模型由阀门开闭状态确定式(3-2)和式(3-3)和三种模型切换准则(表3-5)确定,即:

$$\begin{cases}
\text{当该冷却单元下为“上下水冷”换热方式,} \\
\qquad \text{切换至“上下水冷换热方式”的模型;} \\
\text{当该冷却单元下为“上下空冷”换热方式,} \\
\qquad \text{切换至“上下空冷换热方式”的模型;} \\
\text{当该冷却单元下为“上水冷下空冷”换热方式,} \\
\qquad \text{切换至“上水冷下空冷”换热方式的模型。}
\end{cases}$$

$$(3\text{-}105)$$

$f_{\text{im}}^r(\cdot)$ 的具体形式由公式(3-59)至公式(3-63)确定,$f_{\text{im}}^r(\cdot)$ 的初始值为

进入该冷却单元时刻的温度分布,该初始值再由前一个冷却单元下模型 $f_{cm}^{r-1}(\cdot)$ 计算得到,直到递推计算到第 0 个冷却单元模型 $f_{im}^{0}(\cdot)$。$f_{im}^{0}(\cdot)$ 的初始条件为第 i 段带钢在冷却区入口位置的实测温度 $\chi_T(t_0+i\Delta\overline{T})$,并假设初始厚度方向温度均匀分布,即

$$y^i(t_0+i\Delta\overline{T})=H_1^i(t_0+i\Delta\overline{T})=\cdots\cdots=H_J^i(t_0+i\Delta\overline{T})=\chi_T(t_0+i\Delta\overline{T})$$

$$(3\text{-}106)$$

综上所述,式(3-100)至式(3-106)即为带钢卷取温度模型。

（2）层流冷却过程带钢卷取温度模型算法步骤

层流冷却过程带钢卷取温度模型算法步骤总结如下:

① 根据层流冷却控制系统给出的 $U_{main}(t_0+i\Delta\overline{T})$、$U_{accu}(t_0+i\Delta\overline{T})$、上下起始打开阀门位置 $N_{top}(t_f)$、$N_{bottom}(t_f)$ 及喷水模式 $\pi(t_f)$,利用公式(3-2)和公式(3-3)确定该段带钢经过冷却单元时喷水集管控制阀门开闭状态,$_rw_{top}^i$ 和 $_rw_{bottom}^i$ （$r=0,1,2,\cdots,R$）。

② 带钢头部进入冷却区时刻记为 t_0,则第 i 段带钢进入冷却区时刻为 $t_0+i\Delta\overline{T}$,根据带钢离开终轧机时的速度 $F_v(t_f)$、该段进入冷却区实测速度 $\chi_v(t_0+i\Delta\overline{T})$、5 个运行阶段的加速度 $a_1\sim a_5$、经过第二个加速阶段之后应该达到的速度 v_{aft}、最高运行速度 v_{max}、最高抛钢速度 v_{throw} 数据,利用公式(3-6)计算该段带钢从进入冷却区到离开第 r 冷却单元经历的时间 Δt_r^i,确定进入第 r 个冷却单元的时刻 $t_0+i\Delta\overline{T}+\Delta t_{r-1}^i$（图 3-9）,再根据规则式(3-5)判断在任意时刻 t 该段带钢所在冷却单元的位置。

③ 以第 i 段带钢初始温度 $\chi_T(t_0+i\Delta\overline{T})$ 为初始温度,且假设在厚度方向均匀分布,即 $H_1^i(t_0+i\Delta\overline{T})=\cdots\cdots=H_J^i(t_0+i\Delta\overline{T})=\chi_T(t_0+i\Delta\overline{T})$,在时间 $t\in[t_0+i\Delta\overline{T},t_0+i\Delta\overline{T}+\Delta t_0^i)$ 内,由规则式(3-5)知第 i 段带钢处于第 0 个冷却单元下,利用第 0 个冷却单元下的上表面温度模型 $f_{im}^0(\cdot)$ 递推计算,由于第 0 个冷却单元指冷却单元入口到第 1 个喷水集管之间的距离,为上下空冷的换热方法,因此 $f_{im}^0(\cdot)$ 的具体形式为上下空冷的模型式(3-62),模型中的时间节点 k 的变化范围为 $k=[0,1,2,\cdots,\frac{\Delta t_0^i}{\Delta\tau}]$,经过模型式(3-62)的递推运算可得到第 i 段带钢在各时刻温度分布 $H_j^i(t_0+i\Delta\overline{T}+k\Delta\tau)$,直到计算出离开该冷却单元时刻的温度分布 $H_j^i(t_0+i\Delta\overline{T}+\Delta t_0^i)$。

④ 计算第 i 段带钢在第 1 个冷却单元的温度变化,以 $H_j^i(t_0+i\Delta\overline{T}+\Delta t_0^i)$ 为初始温度分布,在时间 $t\in[t_0+i\Delta\overline{T}+\Delta t_0^i,t_0+i\Delta\overline{T}+\Delta t_1^i)$ 内,由规则(3-5)知

第 i 段带钢处于第 1 个冷却单元下,应该利用第 1 个冷却单元下的上表面温度模型 $f_{im}^1(\cdot)$ 递推计算,根据 $_1u_{top}^i$ 和 $_1u_{bottom}^i$ 和三种模型切换准则(表 3-5)确定 $f_{im}^1(\cdot)$ 的具体换热方式模型,模型中的时间节点 k 的变化范围为 $k=\left[0,1,2,\cdots,\dfrac{\Delta t_1^i-\Delta t_0^i}{\Delta\tau}\right]$,经过 $f_{im}^1(\cdot)$ 的递推运算可得到第 i 段带钢在第 1 个冷却单元下各时刻温度分布 $H_j^i(t_0+i\Delta\overline{T}+\Delta t_0^i+k\Delta\tau)$,直到计算出离开该冷却单元时刻的温度分布 $H_j^i(t_0+i\Delta\overline{T}+\Delta t_1^i)$。

表 3-5   **建模数据**

数据序号	段序号	模型输入				模型输出	边界条件					
		$U_{main}^i,$ U_{accu}^i	N_{top}	N_{bottom}	π	T_c^i /℃	G	F_d /mm	F_T /℃	F_v /(m/s)	χ_T^i /℃	χ_v^i /(m/s)
1	0	32,8				609					867.9	6.91
2	1	32,8				666.1					885.3	7.04
3	2	35,8	9	91	1111	653.3	119	5.02	868	6.57	882.1	7.08
...	...	...				...					...	...
59	58	72,8				653					886.8	9.8
60	0	35,8				616.6					854.8	7.4
61	1	38,8				644.1					873.3	7.63
62	2	42,8	9	91	1111	647.5	119	5.02	855	7.05	875	7.69
...	...	...				...					...	...
114	55	66,8				649.8					862	9.9
...	...	...				...					...	...
11 806	0	46,8				559.8					846.6	6.38
11 807	1	46,8				580.8					872.5	6.52
11 808	2	46,8	17	99	1111	582.5	400	5.91	847	6.15	876.3	6.53
...	...	...				...					...	...
11 870	64	66,8				589.1					876.3	7.59

⑤ 以此类推,当计算到第 r 个冷却单元时,以 $H_j^i(t_0+i\Delta\overline{T}+\Delta t_{r-1}^i)$ 为初始温度,在时间 $t\in[t_0+i\Delta\overline{T}+\Delta t_{r-1}^i,\ t_0+i\Delta\overline{T}+\Delta t_r^i)$ 内,由规则(3-5)知第 i 段带钢处于第 r 个冷却单元下,应该利用第 r 个冷却单元下的上表面温度模型 $f_{im}^r(\cdot)$ 递推计算,根据 $_rw_{top}^i$ 和 $_rw_{bottom}^i$ 和三种模型切换准则(表 3-5)确定

$f_{im}(\cdot)$ 的具体换热方式模型,模型中的时间节点 k 的变化范围为 $k =$ $\left[0, 1, 2, \cdots, \dfrac{\Delta t_r^i - \Delta t_{r-1}^i}{\Delta \tau}\right]$,经过 $f_{im}(\cdot)$ 的递推运算可得到第 i 段带钢在第 r 个冷却单元下各时刻温度分布 $H_j^i(t_0 + i\Delta \overline{T} + \Delta t_{r-1}^i + k\tau)$,直到计算出离开该冷却单元时刻的温度分布 $H_j^i(t_0 + i\Delta \overline{T} + \Delta t_r^i)$。

⑥ 依次计算到第 i 段带钢离开第 R 个冷却单元时刻的温度,即为该段带钢卷取温度。

3.3　实验研究

为了检验所建立的带钢卷取温度模型与真实的热轧带钢层流冷却过程的接近程度,在相同的工况条件和输入条件下,通过对比带钢卷取温度模型计算结果与实际生产过程的实测卷取温度数据之间的偏差验证模型的精度。

3.3.1　数据描述

实际层流冷却系统对带钢在冷却区入口位置以 $\Delta \overline{T} = 1$ s 等时分段,控制系统以 1 s 为控制周期给出主冷区和精冷区喷水集管控制阀门开启总数设定量 $U_{main}(t_0 + i\Delta \overline{T})$ 和 $U_{accu}(t_0 + i\Delta \overline{T})$,其中 t_0 为带钢头部进入冷却区时刻,控制周期与等时分段的时间步长一致,时刻 $(t_0 + i\Delta \overline{T})$ 给出的设定量刚好对应第 i 段带钢,可用 U_{main}^i,U_{accu}^i 表示;冷却区入口以 1 s 为周期检测带钢温度和速度,因此在时刻 $(t_0 + i\Delta \overline{T})$ 实测带钢温度 $\chi_T(t_0 + i\Delta \overline{T})$ 和运行速度 $\chi_v(t_0 + i\Delta \overline{T})$ 刚好对应第 i 段带钢,可用 χ_T^i 和 χ_v^i 表示;假设带钢头部到达冷却区出口位置时刻为 t_c,在冷却区出口位置以 1 s 为周期检测带钢卷取温度,对应第 i 段带钢的卷取温度为 T_c^i 在 $t_c + i$ 时刻检测值,即 $T_c^i = T_c(t_c + i\Delta \overline{T})$。

为了建立带钢卷取温度模型,采用实际生产的 297 条带钢数据建立带钢卷取温度模型。带钢依次被分成 58 段、55 段、59 段不等,347 条带钢共被分成 11 870 段。见表 3-5,模型输入包括对应第 i 段带钢给出的主冷区和精冷区开阀数 U_{main}^i 和 U_{accu}^i、上下起始打开阀门位置 N_{top}、N_{bottom}、喷水模式 π,系统输出为第 i 段带钢卷取温度 T_c^i,边界条件包括硬度等级 G、终轧机出口带钢厚度 F_d、温度 F_T、带钢头部速度 F_v、第 i 段带钢在冷却区入口位置实测带钢温度 χ_T^i 和运行速度 χ_v^i。其中 U_{main}^i 的变化范围为 6～291 个,U_{accu}^i 的变化范围为 3～16 个;N_{top} 变化范围为 1～18,N_{bottom} 变化范围为 83～100,π 有"1111"、"1110"、

"1010"、"1000"几种模式，T_c^i 变化范围为 457.3～711.6 ℃，硬度等级 G 范围为 119～513，F_d 变化范围为 5.02～15.79 mm，F_T 变化范围为 788～941 ℃，F_v 变化范围为 2.14～10.75 m/s，χ_T^i 变化范围为 765～958.3 ℃，χ_v^i 变化范围为 2.28～20.71 m/s。其中 297 条带钢数据，对应每条带钢依次有 51、72、39，… 个卷取温度数据，总计 9 770 个卷取温度数据作为建模数据，另外 50 条带钢，对应每条带钢依次有 44，52，65，… 个卷取温度数据，总计 2 100 个卷取温度数据作为测试数据使用。

3.3.2　层流冷却动态过程模型参数确定

建立层流冷却动态过程模型包括模型结构参数确定和模型参数的确定。

（1）确定模型结构参数

综合考虑模型计算精度和运算时间，带钢卷取温度模型式（3-100）的模型计算时间差分步长 $\Delta \tau = 0.01$ s。根据带钢厚度大小，模型的厚度节点数 J 的取值如下：

$$\begin{cases} J=5; & 5 \text{ mm} < F_d < 8 \text{ mm} \\ J=10; & 8 \text{ mm} < F_d < 16 \text{ mm} \end{cases} \tag{3-107}$$

（2）确定模型参数

模型参数包括建立段参数 α_k^i 估计模型和整条带钢参数 α_{k0}、α_v、α_{vd}、α_T、α_c 的估计模型。建立参数估计模型首先要采用网格寻优搜索的方法找出理想参数值构造导师信号，作为训练和测试样本，表 3-6 为各参数的变化范围及搜索步长。

参数 α_{k0} 估计网络及 α_v、α_{vd}、α_T、α_c 的参数估计网络模型需要硬度等级 G、终轧机出口带钢厚度 F_d、温度 F_T、带钢头部运行速度 F_v 与理想参数之间的关系，以式（3-79）为优化指标，经过网格搜索后得到的理想参数数据见表 3-7。

表 3-6　　　　　　　网格搜索过程中参数变化范围及搜索步长

参数	变化范围	搜索步长
α_{k0}	5～60	0.3
α_v	0.1～2	0.01
α_{vd}	0.1～1.5	0.01
α_T	0.1～4	0.01
α_c	0～0.1	0.000 2

表 3-7　　　　　　估计参数 α_{k0}、α_v、α_{vd}、α_T、α_c 的神经网络使用数据

样本序号	网络输入				网络输出
	G	F_T /℃	F_d /mm	F_v /(m/s)	α_{k0}、α_v、α_{vd}、α_T、α_c
1	336	916	5.02	5.81	3 200,1.2,0.66,0.013,0.9
2	119	868	5.02	6.57	2 970,1.3,0.8,0.022,1
3	250	830	15.79	2.14	2 600,0.7,0.9,0.07,0.6
4	119	852	5.02	7.05	1 580,1.4,0.78,0.047,1.3
5	320	869	11.99	2.93	2 200,0.4,1.3,0.023,0.5
...	...	...	...	...	...
347	316	823	13.72	2.53	1 670,0.2,1.1,0.01,0.3

采用上述数据作为建模数据,建立各参数估计网络时采用的具体参数如下:

① 估计参数 α_{k0} 的 RBF 网络中,高斯半径 $\sigma=0.5$。采用减法聚类离线确定网络初始值时,$P_{th}=0.58$,$r_{th}=0.34$,$r_a=0.2$,$r_b=0.3$。接受比和拒绝比分别为 $\eta_1=0.5$,$\eta_2=0.15$,减法聚类后得到 4 个中心点。

② 估计参数 α_T 的 RBF 网络中,高斯半径 $\sigma=0.3$。采用减法聚类离线确定网络初始值时,$P_{th}=0.33$,$r_{th}=0.22$,$r_a=0.2$,$r_b=0.3$。接受比和拒绝比分别为 $\eta_1=0.5$,$\eta_2=0.15$。减法聚类后得到 5 个中心点。

③ 估计参数 α_c 的 RBF 网络中,高斯半径 $\sigma=0.4$。采用减法聚类离线确定网络初始值时,$P_{th}=0.4$,$r_{th}=0.25$,$r_a=0.2$,$r_b=0.3$。接受比和拒绝比分别为 $\eta_1=0.5$,$\eta_2=0.15$。减法聚类后得到 4 个中心点。

④ 估计参数 α_v、α_{vd} 的 ANFIS 网络时,首先采用减法聚类确定模糊规则数,从表 3-8 可以看出,采用不同半径 r_a 获得的规则数目是不同的。规则数越多,精度越高,但运算越复杂。综合考虑运算速度及精度后,参数 α_v 对应的 $r_a=0.5$,接受比和拒绝比分别为 $\eta_1=0.5$,$\eta_2=0.15$,确定 ANFIS 网络结构为 1－3－3－3－1;估计参数 α_{vd} 的 ANFIS 网络中,$r_a=0.7$,接受比和拒绝比分别为 $\eta_1=0.5$,$\eta_2=0.15$,确定 ANFIS 网络结构为 1－2－2－2－1。

表 3-8   不同半径参数对应的 ANFIS 网络结构

参数	半径 r_a	规则数目	训练次数	训练偏差	确定的网络结构
r_v	0.5	3	200	0.014 5	1－3－3－3－1
	0.2	5	200	0.014 1	
	0.1	9	200	0.011 4	
v_d	0.7	2	200	0.011 2	1－2－2－2－1
	0.5	3	200	0.011 5	
	0.1	6	200	0.008 2	

⑤ 参数 $\Delta \alpha_k^i$ 的案例推理系统中,相似度函数公式 $SM_{pq} = \dfrac{1}{1 + \mu d_{pq}}$ 中参数 μ 的确定影响了相似程度,根据本书仿真实验数据分布特征,认为比较接近的参数 Δr_k^i 对应的输入变量相近,利用这一原则确定 $\mu = 0.05$。

⑥ 建立参数 $\Delta \alpha_k^i$ 案例推理系统时,采用不同的权重初始值进行权重的神经网络训练时,对收敛速度有很大影响。表 3-9 中,如果选择冷却前带钢温度和运行速度的初始权重分别为 0.7 和 0.3 时,初始 $E(w_j) = 0.126\ 8$,经过 860 次的学习,$E(w_j) = 0.1$,并不再有明显下降。对应的速度和温度权重分别为 0.232 4、0.767 6,相对于文[44]归一化后对应速度和温度的权重(0.295 8、0.704 2)更具有客观依据性。

表 3-9   不同初始值的参数学习结果

$w_1(0)$	$w_2(0)$	$E_0(w_j)$	q	$w_1(q)$	$w_2(q)$	$E(w_j)$
0.5	0.5	0.140 8	1 320	0.758 2	0.243 3	0.1
0.3	0.7	0.166 9	2 130	0.740 1	0.251 0	0.1
0.7	0.3	0.126 8	860	0.767 6	0.232 4	0.1

注:$w_1(0)$、$w_2(0)$ 分别代表带钢冷却前带钢温度和运行速度对应的初始权重;q 代表训练次数;$E_0(w_j)$ 代表初始性能指标值;$w_1(q)$、$w_2(q)$ 代表训练结束后的权重值;$E(w_j)$ 代表训练后的性能指标值。

3.3.3 仿真实验

在相同的工况条件和输入条件下,本书采用上述建立的参数估计网络模型对提出的层流冷却动态过程模型式(3-100)计算的卷取温度和实测的卷取温度进行精度比较,并通过冷却过程中带钢温度变化过程的定性分析说明本书提出的冷却过程动态模型的有效性。

3.3.3.1　带钢规格相同条件下的模型实验

（1）实验数据

第一个实验是进行带钢规格相同条件下的卷取温度精度比较实验,即带钢硬度等级、终轧机出口带钢厚度、目标卷取温度相同的条件下。实验使用的 47 个实测卷取温度来自同一条带钢（计划号为 2438036）,该带钢总长度为 192.52 m,模型的输入输出数据见表 3-10,控制系统给出的主冷区喷水集管控制阀门开启总数 U_{main}^i 的变化范围为 40～53 个,精冷区喷水集管控制阀门开启总数 U_{accu}^i 的变化范围为 8～11 个;上起始阀门开启位置 N_{top} 为 17,下起始阀门开启位置 N_{bottom} 为 99,采用"1111"的密集喷水模式 π,实测卷取温度 T_c 的变化范围为 575.6～617.1,硬度等级为 341,终轧机出口带钢厚度 F_d 为 11.14 mm,终轧机出口带钢温度 F_T 为 839 ℃,终轧机出口带钢头部速度 F_v 为 3.1 m/s,冷却区入口位置实测带钢温度 $\chi_T(t_0 + i\overline{\Delta T})$（表中用 χ_T^i 表示）变化范围为 825.8～862 ℃,实测运行速度 $\chi_v(t_0 + i\overline{\Delta T})$（表中用 χ_v^i 表示）的变化范围为 3.14～3.68 m/s。其他相关数据为:目标卷取温度 T_g^* 为 600 ℃,冷却水温度 T_w 为 29 ℃,环境温度 T_e 为 29 ℃,加速度 a_1 为 0.015 m/s²,加速度 a_2 为 3.2 m/s²,a_4 为 0,v_{aft}（经过加速度 a_2 运行后达到的速度）为 3.2 m/s,v_{max}（允许达到的最大速度）为 4.01 m/s,v_{throw}（抛钢速度）为 15 m/s。

表 3-10　　　　　　　　同一规格带钢实验数据

数据序号	段序号	模型输入				模型输出		边界条件				
		U_{main}^i, U_{accu}^i	N_{top}	N_{bottom}	π	T_c^i /℃	G	F_d /mm	F_T /℃	F_v /(m/s)	χ_T^i /℃	χ_v^i /(m/s)
1	0	32,8				575.6					850.1	3.2
2	1	32,8				578.3					851.5	3.22
3	2	32,8				581.5					852.5	3.25
4	3	32,8				583.5					852.5	3.26
5	4	32,8	17	99	1111	588	119	11.14	839	3.1	852.5	3.28
...	...	...				...					...	...
44	58	43,8				607.5					858.5	3.66
45		43,8				607.5					858.5	3.66
46		44,8				617					859.8	3.66
47	46	43,8				617.1					862	3.68

（2）模型参数

该条带钢经过段参数 α_k^i 估计器的第一步估计得初始值 $\alpha_{k0}=30$，经过第二步的案例推理自动调整后，参数 α_k^i 随每冷却区入口位置的实测温度及运行速度的变化而变化的曲线如图 3-16 所示。其他参数估计值分别为：$\alpha_T=1.1$，$\alpha_v=0.62$，$\alpha_c=0.016$，$\alpha_{vd}=0.6$。

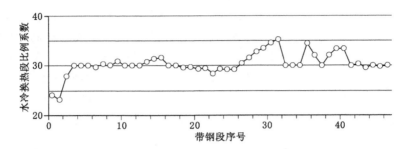

图 3-16　采用本书提出的混合参数估计方法得到的参数 α_k^i 估计值

（3）实验结果及分析

在相同工况条件和输入条件下，本书提出层流冷却动态过程模型计算的卷取温度值和实测的卷取温度值对比曲线如图 3-17 所示。从图中可以看出本书提出的层流冷却动态过程模型计算的卷取温度基本拟合实测卷取温度，偏差较小。

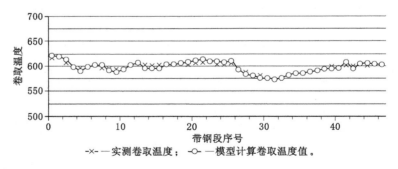

-×-—实测卷取温度；　-○-—模型计算卷取温度值。

图 3-17　本书模型计算的卷取温度值和实测的卷取温度值对比

引入均方根误差（RMSE）和最大绝对误差（MAXE）对仿真实验的误差结果进行分析，$RMSE$ 和 $MAXE$ 的定义如下：

$$RMSE = \sqrt{\frac{1}{I}\sum_{i=1}^{I}\left[y^i(t_0+i+\tau^i)-T_c^i\right]^2} \qquad (3\text{-}108)$$

$$MAXE = \max\{\parallel y^0(t_0 + \tau^0) - T_c^0 \parallel , \parallel y^1(t_0 + 1 + \tau^1) - T_c^1 \parallel ,$$
$$\cdots , \parallel y^I(t_0 + 2 + \tau^I) - T_c^I \parallel \} \tag{3-109}$$

式中，T_c^i 表示第 i 段带钢卷取温度实测值，$y^i(t_0 + i + \tau^i)$ 代表以 1 s 为分段时间步长，模型计算的第 i 段带钢卷取温度值，I 是一条带钢被划分的总段数，此处 $I = 47$。

采用上述公式进行的卷取温度偏差分析结果如表 3-11，基于本书提出的方法计算的卷取温度值与实测卷取温度之间的最大绝对误差为 7.42 ℃，均方根误差为 4.2 ℃，卷取温度绝对偏差在 5 ℃ 以内的样本共有 31 段，卷取温度偏差全部在 10 ℃ 以内。

表 3-11　本书计算的卷取温度与实测卷取温度之间的偏差分析表

总段数	$MAXE$/℃	$RMSE$/℃	误差在 5 ℃ 内的段数	误差在 10 ℃ 内的段数
47	7.42	4.2	31	47

下面进行本书提出的模型与文[64]、文[34]的比较。同样采用相同的工况条件及输入条件，三种方法计算的卷取温度计算精度比较如图 3-18 所示，从图中可以看出，本书的方法计算的卷取温度与实测卷取温度之间的偏差最小。

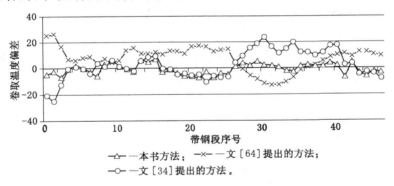

图 3-18　三种模型计算的卷取温度计算精度比较

本书提出的模型与文[64]、文[34]的卷取温度偏差结果见表 3-12，文[64]计算的卷取温度值与实测卷取温度之间的最大绝对误差为 26.14 ℃，均方根误差为 11.85 ℃，卷取温度绝对偏差在 5 ℃ 以内的共有 7 个采样点，卷取温度偏差均在 10 ℃ 以内的有 20 个采样点；基于文[34]提出的模型计算卷取温度值与实测卷取温度之间的最大绝对误差为 25.07 ℃，均方根误差为 10.80 ℃，卷取温度绝对偏差在 5 ℃ 以内的共有 19 个采样点，卷取温度偏差均在 10 ℃ 以内的有 30 个采样点;文[64]提出模型均方根误差和最大误差较大,误差在 5 ℃ 和 10 ℃以内的段数较少,本书提出的方法计算的卷取温度偏差无论是最大偏差还是均方根误差均最小,且大部分的带钢段偏差都较小,精度最高。

表 3-12   卷取温度偏差分析表

采用方法	总段数	$MAXE$/℃	$RMSE$/℃	误差在 5 ℃内的段数及比例	误差在 10 ℃内的段数及比例
文[64]的方法		26.14	11.85	7,14.9%	20,42.6%
文[34]的方法	47	25.07	10.80	19,40.4%	30,63.8%
本书方法		7.42	4.2	31,66.0%	47,100%

出现上述实验结果的原因在于文[64]的模型参数在同类规格带钢条件下采用固定值,而文[34]提出的方法在考虑了带钢厚度方向的温度梯度的同时还使模型参数随终轧数据的变化而变化,然而该方法对于工况条件变化平缓部分计算较为准确,而对于工况条件的波动较大的部分难以准确计算,发生较大偏差;本书在文[64]和文[34]的研究基础上,采用了段参数 α_k^i 的估计方法,使之随冷却区入口位置的实际检测温度及运行速度的变化而变化,提高了模型参数的估计值的精度,最终提高了热轧带钢层流冷却过程动态模型的精度。

为了验证所建立的带钢温度模型接近真实过程的程度,采用自相关函数检验法对所提出的冷却过程带钢温度模型进行检验[120]。图 3-19 为本书提出的模型计算的卷取温度与实测卷取温度之间的偏差归一化之后的自相关函数。从图 3-19 可以看出,卷取温度与实测卷取温度之间的偏差序列的自相关系数基本都落在 95% 的置信区间内,因此,可认为残差序列为白噪声序列,进一步证明了该温度动态模型在卷取温度的计算上接近实际过程。

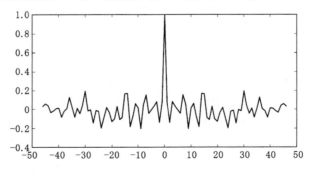

图 3-19　卷取温度偏差的自相关分布图

3.3.3.2　带钢规格不同条件下的模型实验

上述实验是在带钢规格相同的条件下做的,为了进行在带钢规格发生变化的条件下各模型的比较,本书再选择一组不同硬度等级、不同带钢终轧机出口带钢厚度和不同目标卷取温度的带钢进行实验。

（1）实验数据

表 3-13 中,为了验证不同规格带钢的条件下模型的精度,这节采用 9 条不同带钢数据进行实验验证,带钢依次被划分为 69 段、45 段、45 段等,总计 424 段,其中控制系统给出的主冷区喷水集管开启总数 U_{main}^i 的变化范围为 $17\sim115$ 个,精冷区喷水集管开启总数 U_{accu}^i 的变化范围为 $3\sim16$ 个,上起始阀门开启位置 N_{top} 变化范围为 $1\sim13$,下起始阀门开启位置 N_{bottom} 变化范围为 $83\sim95$,喷水模式 π 为"1111"密集型,卷取温度 T_c 变化范围为 $425\sim665$ ℃,硬度等级 G 为 192、119、134、316,终轧机出口带钢厚度 F_d 变化范围为 $2.52\sim13.72$ mm,终轧机出口带钢头部速度 F_v 变化范围为$2.73\sim10.34$ m/s,终轧机出口带钢温度 F_T 变化范围为 $829\sim882$ ℃,冷却区入口位置实测温度 χ_T^i 变化范围为 $829.4\sim903.1$ ℃,冷却区入口位置实测速度 χ_v^i 变化范围为 $2.83\sim17.59$ m/s。

表 3-13　　　　验证热轧带钢层流冷却过程动态模型使用数据

数据序号	段序号	模型输入				模型输出	边界条件					
		$U_{\text{main}}^i,$ U_{accu}^i	N_{top}	N_{bottom}	π	T_c^i /℃	G	F_d /mm	F_T /℃	F_v /(m/s)	χ_T^i /℃	χ_v^i /(m/s)
1	0	17,8				647.6					866.9	10.1
2	1	17,8	13	95	1111	648.3	119	2.52	867	9.83	870.8	10.24
...	...	...				...					...	...
70	69	58,8				638					891.8	14.28
71	0	18,8				647.6					829.4	4.51
72	1	18,8	9	91	1111	648.3	134	7.83	829	4.34	852.8	4.54
...	...	...				...					...	...
116	45	22,8				638					855	4.82
117	0	35,8				631.6					837.7	2.89
118	1	35,8	9	91	1111	630.8	316	13.72	838	2.73	871.6	2.98
...	...	...				...					...	...
162	45	51,8				596.8					851.1	3.11
...	...	...	...	...	...	...	...	...	...	...	...	...

数据序号	段序号	模型输入				模型输出	边界条件					
		U^i_{main}, U^i_{accu}	N_{top}	N_{bottom}	π	T^i_c /℃	G	F_d /mm	F_T /℃	F_v /(m/s)	χ^i_T /℃	χ^i_v /(m/s)
365	0	74,8				563.5					882.2	7.29
366	1	85,9	1	83	1111	561.5	192	5.52	882	7.16	900.1	7.33
...	...	...				...					...	...
424	59	115,16				580					891.6	9.75

（2）模型参数

经过本书提出的非线性参数混合智能估计方法进行参数估计后,对应 9 条带钢的模型参数 α_{k0}、α_v、α_T、α_c、α_{vd} 估计值见表 3-14。

表 3-14　　　　　　　　　　α_{k0}、α_v、α_T、α_c、α_{vd} 估计值

序号	α_{k0}	α_v	α_T	α_c	α_{vd}
1	1 600	1.2	2.6	0.008	1.1
2	2 200	0.7	1.2	0.012	0.6
3	3 000	0.36	1	0.017	0.4
4	2 800	1.08	2.3	0.014	0.98
5	2 700	0.9	2.1	0.02	0.8
6	1 860	1.6	2.6	0.015	1.1
7	2 660	0.36	1.6	0.019	0.4
8	2 900	0.7	1.1	0.023	0.6
9	3 100	0.7	1.3	0.111	0.6

根据冷却区入口位置的实测带钢温度及实测运行速度与终轧值之间的偏差进行的参数 α^i_k 动态调整后的变化曲线如图 3-20 所示。可以看出,α^i_k 随着实测带钢温度及实测运行速度的变化而不断变化,实现了对变化工况的自适应。

（3）实验结果及分析

在相同工况条件和输入条件下,本书提出层流冷却动态过程模型计算的卷取温度值和实测的卷取温度值对比曲线如图 3-21 所示。从图中可以看出,即使带钢规格发生变化,本书提出的层流冷却动态过程模型计算的卷取温度基本拟合实测卷取温度,偏差较小。

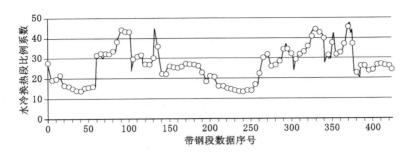

图 3-20 参数 α_k^i 变化曲线

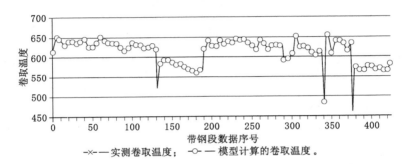

—×— 实测卷取温度； —○— 模型计算的卷取温度。

图 3-21 本书模型计算的卷取温度值和实测的卷取温度值对比

图 3-22 所示为本书提出的模型与文[64]、文[34]的卷取温度计算偏差的比较。从图中可以看出，本书方法计算的卷取温度与实测卷取温度之间的偏差最小。

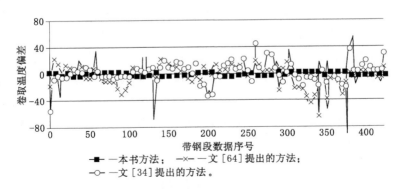

—■— 本书方法； —×— 文[64]提出的方法；
—○— 文[34]提出的方法。

图 3-22 三种模型计算的卷取温度预报精度比较

卷取温度的均方根误差（$RMSE$）和最大绝对误差（$MAXE$）结果见表 3-

15,其中文[64]最大绝对误差为90.32 ℃,均方根误差为19.34 ℃,卷取温度绝对偏差在5 ℃、10 ℃、20 ℃以内的分别有127、234、352个采样点;基于文[34]提出的模型计算的卷取温度与实测卷取温度之间的最大绝对误差为55.73 ℃,均方根误差为14.35 ℃,卷取温度绝对偏差在5 ℃、10 ℃、20 ℃以内的分别有135、283、378个采样点;基于本书提出的模型计算的卷取温度与实测卷取温度之间的最大绝对误差为12.98 ℃,均方根误差为5.34 ℃,卷取温度绝对偏差在5 ℃、10 ℃、20 ℃以内的分别有270、390、412个采样点。

表 3-15　　　　　　　　　　卷取温度偏差分析表

采用方法	MAXE	RMSE	总段数	偏差在5 ℃内的段数	偏差在10 ℃内的段数	偏差在20 ℃内的段数
本书方法	12.98	5.34		270	390	412
文[44]的方法	55.73	14.35	424	135	283	378
文[65]的方法	90.32	19.34		127	234	352

从这一组实验结果可以看出,由于文[64]的模型划分参数的分类比较粗糙,根据带钢硬度等级 G、终轧机出口带钢厚度等级、目标卷取温度等级改变模型参数,而文[34]可以根据每条带钢的硬度等级 G、终轧机出口带钢厚度 F_d、终轧机出口带钢温度 F_T、终轧机出口带钢头部速度 F_v 的变化自动调整模型参数,因此,较文[64]的模型精度有所提高。然而,该文依然处理不了同一条带钢在冷却区入口位置的实测温度、实测速度的变化对模型参数的影响,而本书的非线性混合智能参数估计方法,利用两步估计方法,采用段参数 α_k^i 估计方法,根据冷却区入口位置的实测温度、实测速度的变化可以自动调整 α_k^i,从而提高对卷取温度的计算精度。特别是在实际卷取温度波动较大的几个点,文[64]很难分辨出这几个点的工况变化,而文[34]则对同一条带钢的整体工况的变化较为敏感,本书不仅能对不同规格的带钢工况的变化适当调整模型参数,甚至能够依据每个采样点的工况变化尽快调整模型参数,使计算的卷取温度更为准确。

图 3-23 为带钢温度动态模型计算的卷取温度与实测卷取温度之间的偏差归一化之后的自相关函数。从图中可以看出,卷取温度与实测卷取温度之间的偏差序列的自相关系数基本都落在95%的置信区间内,可认为残差序列为白噪声序列,进一步证明了本书提出的层流冷却过程模型的有效性。

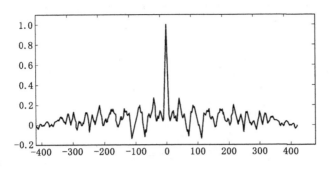

图 3-23　卷取温度偏差的自相关分布图

3.3.3.3　带钢卷取温度计算过程实验

在整个冷却过程中由于得不到温度的实际检测数据,对冷却带钢冷却过程的温度动态变化只能进行定性分析。我们通过分析一段带钢计算卷取温度的过程,得到在整个冷却区域内的温度变化,从而说明本文提出的冷却过程动态模型的有效性。

选择硬度等级为 192 的一条带钢,对应该条带钢上起始阀门开启位置 $N_{top}=17$,下起始阀门开启位置 $N_{bottom}=98$,喷水模式 π 为密集型“1111”,取第 13 段带钢进行实验。该段在入口处的温度检测值为 856.6 ℃,速度检测值为 2.97 m/s。对应该段的主冷区喷水集管阀门开启总数 $U_{main}=53$,精冷区喷水集管阀门开启总数 $U_{main}=8$,经过阀门开闭状态模型计算后,该段带钢对应的阀门开闭状态结果如图 3-24 所示,“0”代表阀门关闭,“1”代表阀门打开。

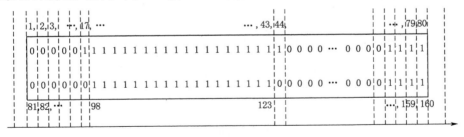

图 3-24　阀门开闭状态

该段带钢厚度方向上三个节点温度变化曲线如图 3-25 所示,其中最上面一条曲线为该段带钢芯部温度变化曲线,中间一条曲线为该段带钢下表面温度变化曲线,下面一条曲线为该段带钢上表面温度变化曲线。

带钢在各冷却单元下发生的换热方式及采用的模型和换热系数见表 3-16。

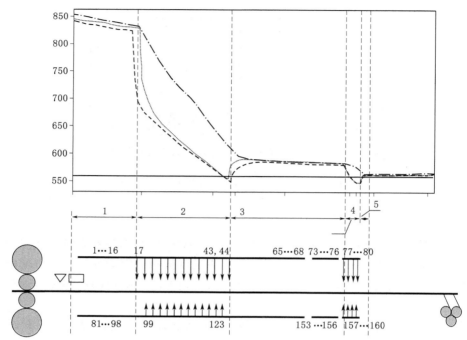

1—冷却区前的空冷区；2—上下水冷区；3—冷却区中的空冷区；
4—冷却区后段上下水冷区；5—冷却区后空冷区。

图 3-25 带钢在冷却区的温度变化曲线

该段带钢分别经过了冷却区前的空冷区、冷却区域中的上下水冷区、冷却区中的空冷区、冷却区后段上下水冷区、冷却区后的空冷区,在不同阶段采用的上下表面换热系数及介质温度不同,温度下降速度也不同。

表 3-16 　　　　　　　　　　　　冷却单元下的动态过程模型参数

阶段标识	冷却单元号	rw_{top}^i rw_{bottom}^i	冷却方式	模型参数	模型公式	温度变化
1	0~16	(0,0)	上下空冷	上下换热系数采用 $h_{e,top}^i$、$h_{e,bottom}^i$ 上下表面介质温度均采用环境温度 T_e	模型Ⅱ	较为平缓
2	17	(1,0)	上水冷下空冷	上下换热系数分别采用 $h_{w,top}^i$、$h_{e,bottom}^i$ 上下表面介质温度分别采用 T_w、T_e	模型Ⅲ	迅速下降
	18~43	(1,1)	上下水冷	上下水冷换热系数 $h_{w,top}^i$、$h_{w,bottom}^i$ 上下表面介质温度均采用冷却水温度 T_w	模型Ⅰ	

表 3-16(续)

阶段标识	冷却单元号	rw_{top}^i rw_{bottom}^i	冷却方式	模型参数	模型公式	温度变化
3	44	(1,0)	上水冷下空冷	上下换热系数分别采用 $h_{w,top}^i$、$h_{e,bottom}^i$ 上下表面介质温度分别采用 T_w、T_e	模型Ⅲ	较为平缓有回温现象
	45～76	(0,0)	上下空冷	上下换热系数采用 $h_{e,top}^i$、$h_{e,bottom}^i$ 上下表面介质温度均采用环境温度 T_e	模型Ⅱ	
4	77～80	(1,1)	上下水冷	上下水冷换热系数采用 $h_{w,top}^i$、$h_{w,bottom}^i$ 上下表面介质温度均采用冷却水温度 T_w	模型Ⅰ	迅速下降
5	81	(0,0)	上下空冷	上下换热系数采用 $h_{e,top}^i$、$h_{e,bottom}^i$ 上下表面介质温度采用环境温度 T_e	模型Ⅱ	较为平缓

注:模型Ⅰ代表上下水冷换热方法的模型;模型Ⅱ代表上下空冷换热方式的模型;模型Ⅲ代表上水冷下空冷换热方法的模型。

下面具体分析在各不同区域的换热方式和温度下降过程。

(1) 冷却区前的空冷区

该段带钢首先经过冷却区前的空冷区(标识为"1"的区域),即终轧机到冷却区入口位置的一段空冷区域(第 0 个冷却单元),接着经过第 1～16 个冷却单元,这一区域辊道上下阀门均关闭,带钢上下表面发生空冷换热过程,选择空冷换热系数,介质温度采用环境温度,经过模型计算,这一阶段的带钢温度下降较为缓慢。

(2) 上下水冷区

带钢运行进入第 17 个冷却单元,为上下水冷区(标识为"2"的区域)。该区域辊道上方阀门打开有冷却水流出,辊道下方阀门关闭,因此发生上水冷下空冷的换热方式,因此该冷却单元下温度模型参数采用上表面水冷换热系数,下表面空冷换热系数。带钢继续进入第 18～43 冷却单元,经过这些冷却单元时辊道上下方的阀门均为打开状态,为上下水冷的换热方式,模型参数采用上下表面水冷换热系数,模型计算结果显示带钢温度迅速下降,这是由于强制水冷的结果。

(3) 冷却区中的空冷区

冷却区中的空冷区,即标识为"3"的区域。带钢运行至第 44 个上水冷下空冷方式的冷却单元(采用上表面水冷换热系数,下表面空冷换热系数),继而进入第 45～76 个上下空冷方式的冷却单元,采用上下表面空冷换热系数,该阶段的模型计算结果显示带钢温度稍有回升继而缓慢下降,这与带钢发生相变,内部产生的潜热使带钢发生回温现象及带钢内部热传导现象一致,之后再进入空冷的缓慢降温阶段。

(4)冷却区后段上下水冷区

该段带钢进入冷却区后段上下水冷区(标识为"4"的区域),即从第77～80个冷却单元,辊道上下方阀门均为打开状态,发生上下水冷的换热方式,模型计算结果显示带钢温度再度快速下降。

(5)冷却区后空冷区

最后带钢出冷却后进入冷却区后空冷区(标识为"5"的区域),即进入冷却区至卷取机之间的一段空冷区,模型计算结果显示带钢温度缓慢回升(带钢内部热传导效果)并稳定。至此,整个冷区过程的带钢温度计算完毕,计算后的卷取温度为 562.71 ℃,实测卷取温度为 560.6 ℃,偏差为－2.11 ℃。

上述带钢温度模型计算的温度变化过程从一定程度上说明了本书提出的冷却过程热轧带钢温度模型的合理性。

3.4 小结

建立层流冷却过程热轧带钢卷取温度模型对搭建实验系统中的被控对象模型,进行与带钢质量相关的卷取温度控制方法的研究有着重要意义。本章提出了由冷却单元阀门开闭状态模型、第 i 段带钢所处冷却单元位置计算模型、冷却单元下的冷却过程动态模型切换机制、第 i 段带钢在第 r 个冷却单元下的带钢上表面温度模型组成的带钢卷取温度模型。此外,给出了根据变化的带钢工况条件确定水冷换热系数模型、热导率模型中关键参数的方法,特别是给出了随每段带钢的工况条件的变化确定水冷换热系数模型中的比例参数的方法,改进了水冷换热系数和热导率模型,从而提高了带钢卷取温度模型精度。

第4章　热轧带钢层流冷却过程混合智能控制方法

层流冷却过程控制是热轧带钢的最后一道工序,直接影响着最终产品质量。层流冷却控制系统通过控制喷水集管阀门的开闭状态控制冷却水量,使带钢从终轧机出口带钢温度(800～900 ℃)冷却到工艺要求的卷取温度(550～700 ℃)。层流冷却是影响热轧带钢组织性能的关键工序之一,而冷却后的卷取温度是决定成品带钢加工性能、力学性能的重要参数之一,卷取温度过低或者过高都将影响最终的产品质量[121]。

针对层流冷却控制方法存在的查询表格、不能适应频繁变化的工况条件、严重依赖带钢温度模型[64,19,28]的问题,本书以将卷取温度控制在目标范围内为目标,提出了由喷水集管控制阀门开启总数预设定模型、卷取温度预报模型、预报补偿模型、带钢批次间补偿模型组成的喷水集管控制阀门开启总数设定方法,随工况条件的变化自动调整阀门开启总数的设定值,并将该设定值送给过程控制系统进行任意时刻的喷水控制阀门的开闭状态计算并执行,从而实现冷却水量的调整,保证卷取温度被控制在目标温度范围内,最终提高带钢质量。

本章内容组织结构如下:在 4.1 节分析了现有层流冷却过程控制现状分析,在 4.2 节给出本书的混合智能控制方法。

本章涉及的相关变量见表 4-1。

表 4-1   变 量 定 义

变量符号	变量名称
$^h e_f$	第 h 条带钢卷取温度预报偏差
$^h e_b$	第 h 条带钢的实测卷取温度偏差
F_d^*	终轧机出口带钢厚度预估值
F_t^*	终轧机出口带钢温度预估值
F_v^*	终轧机出口带钢头部速度预估值

表 4-1（续）

变量符号	变量名称
F_d	终轧机出口带钢厚度
F_T	终轧机出口带钢温度
F_v	终轧机出口带钢头部速度
$^hK_{fp}$	预报补偿模型中的比例参数
$^hK_{fI}$	预报补偿模型中的积分参数
$^hK_{bp}$	带钢批次间补偿模型中的比例参数
$^hK_{bI}$	带钢批次间补偿模型中的积分参数
N_{top}	上起始阀门开启位置
N_{bottom}	下起始阀门开启位置
G	带钢硬度等级
h	带钢序号
$^hU_0$	第 h 条带钢喷水集管阀门开启总数预设定值
$^hU_{main}$	第 h 条带钢主冷区喷水集管阀门开启总数设定值
$^hU_{accu}$	第 h 条带钢精冷区喷水集管阀门开启总数设定值
^hU_f	第 h 条带钢喷水集管阀门开启总数预报补偿值
^hU_b	第 h 条带钢喷水喷水集管阀门开启总数批次间补偿值
u_{svalve}	侧喷水阀门状态
u_{tvalve}	顶吹气阀门状态
t_m	带钢在辊道中间尚未进入冷却区时刻
t_f	带钢离开终轧机时刻
t_0	带钢头部进入冷却区时刻
t_c	带钢头部到达冷却区出口时刻
^hT_c	第 h 条带钢卷取温度实测值
$^h\hat{T}_c$	第 h 条带钢卷取温度预报值
$^hT_c^i$	第 h 条带钢的第 i 段卷取温度实测值
$^h\hat{T}_c^i$	第 h 条带钢的第 i 段带钢卷取温度预报值
$\Delta\overline{T}$	控制周期
π	喷水模式

4.1　层流冷却过程控制现状分析

4.1.1　层流冷却过程控制需求

卷取温度是影响热轧带钢组织性能的关键因素,是决定成品带钢加工性能、力学性能的重要参数之一,与带钢最终质量密切相关。多数硬度等级的带钢卷取温度在 680 ℃以下,约为 600~650 ℃。在此温度范围内,带钢的金相组织已定型,可以缓慢冷却,而缓慢冷却对减少带钢的内应力是有利的。过高的卷取温度将会因卷取后的再结晶和缓慢冷却而产生粗晶组织及碳化物的积聚,导致力学性能变坏以及产生坚硬的氧化铁皮,使酸洗困难。过低的卷取温度,一方面使卷取困难且有残余应力存在,容易松卷,影响成品带卷的质量;另一方面,卷取后没有足够的温度使过饱和的碳氢(氮)化合物析出,影响带材性能。因此提高卷取温度控制精度一直是热连轧领域关注的重要问题[17,122,14,65]。目前国外对卷取温度的控制精度可以达到 10~15 ℃,国内在 15~30 ℃之间。

由于在冷却过程中会析出马氏体,对于特殊的带钢,如果带钢表面与中心温度偏差太大,其晶体的结构会受到影响,除控制卷取温度外,冷却速率也应控制在一定的范围内。因此,热轧带钢层流冷却控制的控制需求是通过喷水集管阀门开闭的控制和辊道速度的控制,使带钢在层流冷却过程后达到下述工艺指标:

(1) 卷取温度在工艺要求的范围之内。
(2) 冷却速率不能高于最高冷却速率。
(3) 上下板温差尽量小,并在工艺要求的范围之内。
(4) 带钢宽度方向温度差尽量小,并在工艺要求范围内。
(5) 带钢开冷温度在工艺要求的范围之内。

其中,卷取温度指带钢冷却结束后在卷取机前测得的带钢上表面温度;冷却速率指单位时间内带钢温度下降率;上下板温差指带钢上下表面的温度偏差;带钢头尾温差指带钢结束冷却后头部和尾部的温度差;开冷温度指带钢开始进行强制水冷时的初始温度。这几项工艺指标与带钢组织性能相关,直接关系到最终带钢质量。

4.1.2　控制难点分析

层流冷却过程控制通过调整喷水集管控制阀门开启总数调节冷却区水,使得带钢卷取温度达到目标范围。然而,喷水集管控制阀门开启总数与卷取温度之间的关系具有复杂的非线性特性,换热特性随生产工况而变化,换热机理复杂,且由于缺乏冷却过程中带钢温度的实测值,很难实现对卷取温度的闭环控制[35,36]。为了提高卷取温度的控制精度,下面进行卷取温度控制难点分析:

(1)喷水集管控制阀门开启总数与卷取温度之间的关系具有复杂的非线性特性

带钢在冷却过程中是奥氏体转化为铁素体的一个过程,在冷却过程中带钢发生几种不同类型的热交换过程,不仅有带钢与冷却水的对流换热、与周围空气的辐射传热、还发生内部的热传导、带钢与辊道的接触热传导以及在带钢内部相变潜热的扩散等,冷却过程的换热机理非常复杂。带钢经过整个冷却区时,当所在冷却单元的阀门处于打开状态时,带钢与冷却水发生热交换,使带钢温度迅速下降,如果所在冷却单元的阀门处于关闭状态,带钢与周围环境发生热交换,带钢温度下降较为平缓,因此,带钢在冷却过程中的温度变化是一个非线性变化的曲线。此外,换热特性随工况条件的变化而变化,工况的非线性波动增加了换热过程的复杂性。

(2)缺乏连续的带钢温度实测数据

冷却水与炙热的带钢接触时,巨大温差引起迅速的热传导,产生大量的高温水蒸气,由于恶劣的检测环境很难在冷却区域内逐点安装合适的温度检测装置对带钢温度进行准确的连续检测,只能在冷却区入口和出口位置对带钢进行检测。而卷取温度测温点位于层流冷却区外 10 m 的位置,相对控制点检测滞后很大,检测到卷取温度时,该检测点及其后很长一段带钢的受控冷却过程已经结束。

(3)工况条件变化频繁

轧后带钢冷却影响卷取温度的因素多而复杂,包括带钢材质、带钢温度、厚度、速度、冷却水量、水压、水流运动形态等。我国热轧厂控制精度不高,特别是终轧机出口带钢温度控制精度,国外一般要求在±15 ℃之间,而我国钢厂由于很少实现升速轧制和机架间冷却,对终轧机出口带钢温度很难保证,而轧机出口位置的带钢温度又深刻地影响着冷却规程的设定,致使实际的卷取温度控制精度不高。

产品需求及成本计算需要在不同时间段内调整带钢产品规格,带钢的硬度等级、材质、终轧机出口带钢厚度、温度、头部速度等设定值将随产品规格的变化而不同,因此终轧机出口的带钢温度、厚度和头部运行速度必将发生变化,而终轧机出口条件作为冷却过程的初始条件,直接影响冷却策略的设计,因此,即使对于同一条带钢而言,带钢进入冷却区的温度和运行速度也在一定范围内波动,因为这些工况条件的变化需要实时调整喷水集管控制阀门开启总数的设定值,而不仅仅是对冷却水量的精确控制。

4.1.3　控制现状分析

由于冷却区内辊道上下方和宽度方向上均匀设置了喷水集管喷嘴,基本能够保证带钢在上下表面、宽度方向的温度均匀分布。通过加速轧制策略消除带钢头尾温差。因此,层流冷却过程控制侧重于通过调整喷水集管控制阀门开启总数使卷取温度落入目标范围内。然而,由于存在上述控制难点,大部分中小钢厂通过查询策略表格的方法进行层流冷却控制。如图 4-1 所示,国内某大型钢厂采用查询控制策略表格的方法结合喷水集管阀门开启总数计算模型完成喷水集管开启总数的给定计算,送给过程控制系统执行。某钢厂控制系统以 1 s 的控制周期给出主冷区和精冷区喷水集管控制阀门开启总数 $U_{\text{main}}(t_0 + i\Delta\overline{T})$ 和 $U_{\text{accu}}(t_0 + i\Delta\overline{T})$,即 $\Delta\overline{T} = 1$ s,在冷却区入口位置和出口位置以 1 s 的检测周期给出实测的入口温度 $\chi_{\text{T}}(t_0 + i\Delta\overline{T})$ 和速度 $\chi_{\text{v}}(t_0 + i\Delta\overline{T})$ 及出口位置的卷取温度 $T_{\text{c}}(t_0 + i\Delta\overline{T})$。

现有的控制策略结合查询表格的方法和喷水集管阀门开启总数计算模型自动完成喷水集管阀门开启总数的给定。控制策略表格共存储了 45 000 个带钢类别的策略数据,见表 4-2,带钢规格分类按照 500 个等级硬度等级、6 个等级的目标卷取温度 T_{g}^*、15 个等级的终轧机出口带钢厚度分类。在每个类别中存储了对应带钢规格条件下应该打开的喷水集管开启总数 $U_0(t_{\text{m}})$ 和与换热系数、热导率相关的模型参数 P。

表 4-2　　　　　　　　　　带钢规格划分表

硬度等级		厚度范围		目标卷取温度范围	
序号	范围	序号	范围	序号	范围
1	119	1	1.8～2.1	1	550～585
2	130	2	2.1～2.5	2	585～615
3	192	3	2.5～3.2	3	615～645
...	...	...	...	...	...
500	511	15	22.6～30	6	715～745

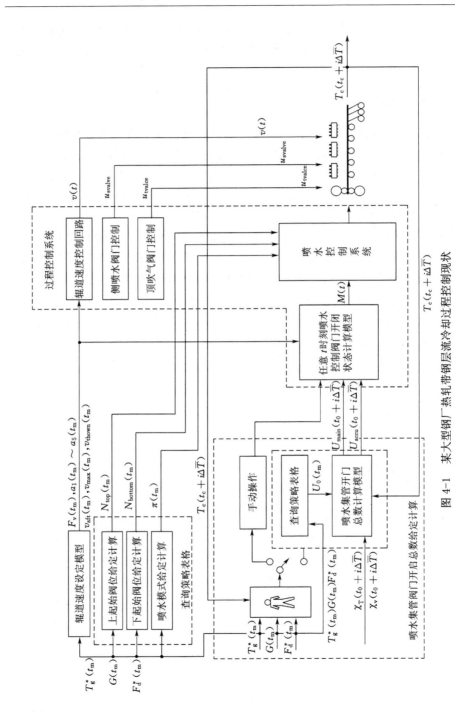

图 4-1　某大型钢厂热轧带钢层流冷却过程控制现状

当带钢还在中间辊道尚未进入冷却区时(时刻 t_m),控制系统根据硬度等级 G、终轧机出口厚度预估值 F_d^*、$T_g^*(t_m)$ 确定待冷带钢所属的规格类别,通过查询策略表格找到适合该带钢类别的喷水集管阀门开启总数 $U_0(t_m)$,并送给喷水控制系统执行该设定值,预先摆好喷水阵列,消除系统滞后带来的影响。当带钢头部进入冷却区时(时刻 t_0),启动喷水集管控制阀门开启总数给定计算模型,该模型根据冷却区入口位置的实测带钢温度 $\chi_T(t_0+i\Delta\overline{T})$ 和运行速度 $\chi_v(t_0+i\Delta\overline{T})$,将策略表格中存储的与换热系数、热导率相关的模型参数 P 代入带钢温度模型,并以策略表格中查到的 $U_0(t_m)$ 为初始值,以 1 s 为一个控制周期,利用冷却过程带钢温度模型,逼近计算出达到目标卷取温度 $T_g^*(t_m)$ 主冷区应该打开的喷水集管控制阀门开启总数 $U_{main}(t_0+i\Delta\overline{T})$,并将新的 $U_{main}(t_0+i\Delta\overline{T})$ 送给喷水控制系统。当冷却结束后利用实测的卷取温度采用经验公式修正精冷区的喷水集管控制阀门开启总数 $U_{accu}(t_0+i\Delta\overline{T})$ 和模型中的与换热系数、热导率相关的模型参数 P。

由于生产条件的限制导致边界条件出现波动,使层流冷却的初始条件得不到保证,国外软件不能完全适应国内具体生产环境和操作情况,因此如果操作工况超出给定的表格范围,出现新的带钢批次,或者实际卷取温度 T_c 偏离目标卷取温度 T_g^* 过大,没有进入工艺指定的温度范围内,则需要一个有丰富经验的操作员通过连续观察冷却过程的运行状况,对工况条件进行感知判断,根据工况条件的变化情况凭经验进行手动调整喷水集管控制阀门开启总数的设定值。

层流冷却过程控制系统优先执行人工操作给定的喷水集管控制阀门开启总数,由喷水阀门控制系统通过逻辑控制实现阀门的开闭,最终完成冷却水量的控制,并以 200 ms 的周期进行更新。为了对带钢上各控制点进行准确喷水控制,某大型钢厂层流冷却控制系统在冷却区入口和出口位置对带钢以 1 s 的时间步长进行等时分段,即 $\Delta\overline{T}=1$ s,当给定的喷水集管控制阀门开启总数发生变化,一个或多个阀门开启或关闭时,根据带钢位置跟踪计算,当带钢控制点即将到达需要改变的阀门位置时,提前改变阀门状态,提前时间根据带钢运行时间确定和阀门开闭滞后时间确定。

该大型钢厂采用查询表格的方法确定每段带钢对应上、下起始阀门开启位置及喷水模式,表格数据基于以下原则生成。

(1) 基于上、下起始阀门开启位置 N_{top}、N_{bottom} 给定

为了确保带钢在冷却辊道上运行的稳定性,前向冷却时,冷却水是从精轧

机往卷取机方向打开的。为此需确定起始阀门。如果上、下起始阀门位置相同,由此产生的水墙可能会阻止薄带钢的通过;如果下起始阀门位于上起始阀门前,由于下起始阀门处的喷水可能会将带钢顶起,带钢在冷却辊道上的运行不稳定,严重时带钢会飞起撞坏上喷水设备;如果上起始阀门位于下起始阀门前,上起始阀门处的喷水将带钢压向冷却辊道,可保证带钢运行的稳定性。因此,上起始阀门开启位置 N_{top} 根据层流冷却过程开冷温度的要求进行设定,同时为了使带钢冷却过程中平稳运行,下起始阀门开启位置 N_{bottom} 相对于上起始阀门开启位置 N_{top} 靠后设置。

(2)基于喷水模式 π 给定

如果带钢指定了临界表面温度,即相变温度,那么由临界表面温度位置确定了密集喷水模型与稀疏喷水模式水冷区的分界,称之为临界表面温度位置。为了提高带钢产量,首先用密集喷水模式("1111")对带钢进行冷却,直到达到临界表面温度。当到达临界表面温度后,冷却速率不能超过允许值。因此,只能采用稀疏喷水的方式继续进行冷却。稀疏喷水模式可减小冷却速率,同时可以改善薄带钢在冷却辊道上运行时的稳定性。具体采用何种稀疏喷水模式根据工艺要求的最大冷却速率进行设定。实际操作中,涉及临界温度位置的确定。严格地说,临界温度的位置取决于带钢的运行速度和终轧机出口带钢温度,一般情况下,这一位置随着速度的上升不断地向卷取机方向移动。为了方便起见,仅用道次计划计算所提高的终轧机出口带钢温度预估值和带钢头部的入口速度,对每条带钢进行一次临界温度位置的计算。由于带钢速度的增加,可能无法精确定临界表面温度的位置,但必定进入稀疏喷水的区域。因此不会因为冷却速率问题影响带钢的质量。

上一道工序—带钢终轧机根据轧机轧制力及轧制厚度需求给出终轧机出口带钢头部运行速度设定值 F_v^*、加速度 $a_1 \sim a_5$、加速度 a_2 后应该达到的速度 v_{aft}、带钢运行最高速度 v_{max} 及抛钢速度 v_{throw},并将设定值送给过程控制系统的辊道速度控制器执行,辊道速度控制器采用 PI 控制器完成速度设定值的跟踪。侧喷水阀门和顶吹气阀门在冷却过程始终处于打开状态。

4.1.4 控制现状存在的问题

通过上述分析可以看出现有的层流冷却控制策略由于是通过查询控制策略表格的方法而不能适应表格工况数据之外的变化工况,控制策略的设计是完全基于模型的控制方法,依赖模型精度,导致了卷取温度控制精度难以提高。下面具体分析现有控制策略存在的问题。

（1）对变化工况的自适应能力差

现有的层流冷却控制策略中通过查询策略表格的方法确定对应带钢规格条件下应该打开的喷水集管控制阀门开启总数 $U(t_m)$ 和与换热系数、热导率相关的模型参数 P，当操作工况超出表格涵盖的范围或者实际卷取温度出现偏差时，需要有经验的操作员利用感知和决策作用完成喷水集管控制阀门开启总数的设定。这一人工参与的过程往往带有很大的主观性，且当工况条件变化频繁时，人工控制的方式难以及时给出合适的喷水集管控制阀门开启总数导致卷取温度不能被控制在目标卷取温度范围内。

（2）喷水集管控制阀门开启总数计算模型精度低

该大型钢厂中应用的喷水集管控制阀门开启总数计算模型精度较低，将直接导致计算的喷水集管控制阀门开启总数不够精确，卷取温度控制精度得不到提高。该大型钢厂采用的喷水集管控制阀门开启总数计算模型具体如下：

$$H(t) = \chi_T(t) + (F_T - T_e) \exp(-pt) \tag{4-1}$$

其中 $H(t)$ 为 t 时刻带钢温度；t 为带钢进入冷却区时间；$\chi_T(t)$ 为进入冷却区的初始温度；T_e 为环境温度；F_T 为终轧机出口带钢温度；p 为与换热系数、热导率相关的模型参数。喷水集管控制阀门开启总数计算模型没有考虑厚度方向上的温度梯度，实际计算的是带钢厚度方向上的平均温度。而卷取温度是带钢上表面温度，厚度方向上的温度梯度必然导致带钢厚度方向上的平均温度与带钢上表面温度之间的误差，且通过假设带钢运动速度为常数简化模型，这势必造成位置跟踪的误差，在此基础上计算的在每个冷却单元下的滞留时间计算也会存在偏差，这是难以提高控制效果的一个原因。

（3）控制策略完全依赖喷水集管控制阀门开启总数计算模型精度

现有的层流冷却控制策略是完全基于模型的控制方法，依赖喷水集管控制阀门开启总数计算模型精度，即使根据实际卷取温度对计算模型参数进行校正和修正喷水集管控制阀门开启总数，然而由于模型本质忽略了厚度方向上的温度梯度，难以消除模型偏差，控制精度得不到提高。

4.2　层流冷却过程混合智能控制方法

4.2.1　控制目标

为了减少带钢实际终轧出口温度、运行速度和厚度的变化带来的影响，并对运行状态的带钢进行准确定位和实施控制量，在层流冷却过程控制中对带钢采取分段控制的方式(参见图 3-3),即在冷却区入口位置和出口位置以 $\Delta \overline{T}$ 的时间间隔对带钢进行等时分段处理。卷取温度是与带钢质量密切相关的一个工艺参数,层流冷却过程的控制目标是将卷取温度控制在目标温度范围内,并尽量提高控制精度,进而提高命中率(被控制在目标温度范围内的带钢段数占总段数的比例)。具体可用下列公式描述:

$$\min\{\,|\,T_c^i - T_g^*\,|\,\} \tag{4-2}$$

$$\frac{I^*}{I}\% > \kappa^*\,\% \tag{4-3}$$

$$-\sigma \leqslant T_c^i - T_g^* \leqslant \sigma, \sigma > 0 \tag{4-4}$$

其中,T_c^i 为第 i 段带钢卷取温度,在冷却区出口由温度仪表以 $\Delta \overline{T}$ 检测周期实测;T_g^* 为目标卷取温度,I 为总段数,I^* 为满足条件(4-2)的带钢段数。公式(4-4)表示卷取温度与目标卷取温度值 T_g^* 的绝对偏差不能超过 σ(由钢的内部金相组织确定),并且尽可能地接近目标卷取温度 T_g^*[公式(4-2)];公式(4-3)指带钢卷取温度满足公式(4-4)的段数 I^* 与总段数 I 的比例(命中率)大于 $\kappa^*\,\%$。

终轧机出口带钢温度、带钢头部速度、带钢厚度是由上一道工序——终轧工序完成的,在层流冷却这一工序中属于可测不可控因素,且由于层流冷却系统中单个喷水集管流量固定,因此只能通过调整喷水集管开启总数进行冷却水量的调节实现上述控制目标[123]。

4.2.2 混合智能控制策略

热轧带钢层流冷却过程是一个间歇生产过程,带钢冷却过程包含着许多重复的操作,可以引入批次间优化的思想[125,124,127,126],即利用前面冷却结束带钢的结果迭代寻找最优的操作条件。本书将传统的回路控制级的 PI 控制思想用在喷水集管控制阀门开启总数的设定计算上,并借鉴在间歇过程中应用广泛的批次之间的迭代学习策略,结合案例推理技术模拟人的学习过程,提出了如图 4-2 所示的热轧带钢层流冷却过程混合智能控制方法,主要包括喷水集管控制阀门开启总数设定方法和任意时刻 t 的喷水控制阀门的开闭状态 $M(t)$ 计算方法。其中喷水集管控制阀门开启总数设定方法由卷取温度预报模型、喷水集管控制阀门开启总数预设定模型、喷水集管控制阀门开启总数预报补偿模型、喷水集管控制阀门开启总数批次间补偿模型组成;再根据任意 t 时刻喷水集管控制阀门开闭状态模型将喷水集管控制阀门开启总数转化为时刻 t 的各阀门的开闭状态 $M(t)$。本书设计的控制策略以 $\Delta \overline{T}$ 为控制周期给出主冷区和精冷区喷水集管控制阀门开启总数 $U_{\mathrm{main}}(t_0+i\Delta\overline{T})$，$U_{\mathrm{accu}}(t_0+i\Delta\overline{T})$，过程控制系统接受由该设定值并计算喷水集管控制阀门开闭状态控制信号 $M(t)$，最终使卷取温度被控制在工艺确定的目标范围内，并使其控制命中率不低于工艺要求的范围内。

图 4-2 中各模块功能具体描述如下：

(1) 卷取温度预报模型

卷取温度预报模型的功能是根据预报补偿后的主冷区喷水集管控制阀门开启总数 ${}^hU_{\mathrm{main}}(t_0+i\Delta\overline{T})$，利用第 3 章建立的带钢卷取温度预报模型计算当前冷却带钢(序号为 h)在未来卷取时刻 $t_c+i\Delta\overline{T}$ 的卷取温度预报值 ${}^h\hat{T}_c(t_c+i\Delta\overline{T})$。

(2) 喷水集管控制阀门开启总数预设定模型

喷水集管控制阀门开启总数预设定模型的功能是根据目标卷取温度 ${}^hT_g^*(t_m)$ 及硬度等级 ${}^hG(t_m)$、终轧机出口温度预估值 ${}^hF_T^*(t_m)$、带钢头部速度预估值 ${}^hF_v^*(t_m)$、厚度预估值 ${}^hF_d^*(t_m)$，利用带钢卷取温度模型，确定当前带钢的喷水集管控制阀门开启总数预设定值 ${}^hU_0(t_m)$。

(3) 喷水集管控制阀门开启总数预报补偿模型

喷水集管控制阀门开启总数预报补偿模型根据卷取温度预报偏差 ${}^he_f(t_0+i\Delta\overline{T})$ 和带钢在冷却区入口位置的实测带钢温度 ${}^h\chi_v(t_0+i\Delta\overline{T})$ 和运行速度 ${}^h\chi_T(t_0+i\Delta\overline{T})$，采用案例推理技术结合传统 PI 算法，确定主冷区喷水集管控制阀门开启总数预报补偿值 ${}^hU_f(t_0+i\Delta\overline{T})$，消除卷取温度预报偏差 ${}^he_f(t_0+i\Delta\overline{T})$，即目标卷取温度值 ${}^hT_g^*(t_m)$ 与卷取温度预报值 ${}^h\hat{T}_c(t_c+i\Delta\overline{T})$ 之间的偏差。

(4) 喷水集管控制阀门开启总数批次间补偿模型

喷水集管控制阀门开启总数批次间补偿模型根据同一规格带钢中参与带钢批次间学习的前一条带钢的卷取温度实际偏差 ${}^{h-1}e_b(t_c+i\Delta\overline{T})$、所有参与带钢批次间学习的 $h-1$ 条带钢的实测卷取温度偏差之和 $\sum_{p=1}^{h-1}{}^pe_b(t_c+i\Delta\overline{T})$、前一次的补偿量 ${}^{h-1}U_b(t_c+i\Delta\overline{T})$、当前带钢硬度等级 ${}^hG(t_m)$、终轧机出口带钢厚度 ${}^hF_d(t_f)$、冷却区入口实测带钢温度 ${}^h\chi_T(t_0+i\Delta\overline{T})$、实测运行速度 ${}^h\chi_v(t_0+i\Delta\overline{T})$，采用案例推理技术结合 PI 型迭代学习算法，确定精冷区的喷水集管控制阀门开启总数补偿值 ${}^hU_b(t_c+i\Delta\overline{T})$，从而补偿卷取温度预报模型偏差和冷却过程的未知干扰，消除冷却区出口位置的实测卷取温度偏差，即目标卷取温度

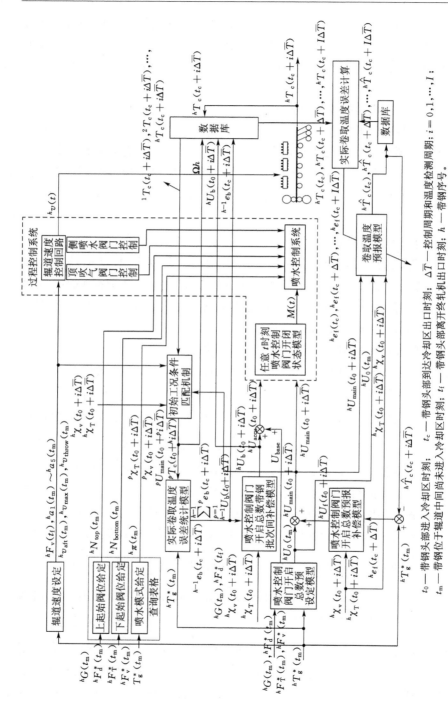

图 4-2 热轧带钢层流冷却过程混合智能控制结构

t_0 — 带钢头部进入冷却区时刻；t_c — 带钢头部到达冷却区出口时刻；$\Delta \overline{T}$ — 控制周期和温度检测周期；$i = 0, 1, \cdots, I$；
t_m — 带钢位于辊道中间尚未进入冷却区时刻；t_1 — 带钢头部离开终轧机出口时刻；h — 带钢序号。

值 $^hT_g^*(t_m)$ 与实测卷取温度值之间的偏差。其中 $\sum\limits_{p=1}^{p}e_b(t_c+i\Delta T)$ 由数据库中的历史运行数据经过初始工况条件匹配后,将同一类规格带钢中初始条件一致的带钢段对应的实际卷取温度偏差做和。

(5) 实际卷取温度误差统计模型

实际卷取温度误差统计模型根据历史运行的同一类带钢实际卷取温度,统计计算所有参与带钢批次间学习的 $h-1$ 条带钢的实测卷取温度偏差之和 $\sum\limits_{p=1}^{p}e_b(t_c+i\Delta T)$ 和前一条带钢的卷取温度实际偏差 $^{h-1}e_b(t_c+i\Delta T)$。

(6) 任意 t 时刻喷水集管控制阀门开闭状态模型

喷水集管控制阀门开闭状态模型根据主冷区和精冷区喷水集管控制阀门开启总数设定值 $^hU_{main}(t_0+i\Delta T)$ 和 $^hU_{accu}(t_0+i\Delta T)$ 确定任意时刻 t 的喷水集管控制阀门开闭状态 $M(t)$。

N_{top}、N_{bottom}、π 的确定方法采用国内某大型钢厂现有基于查询表格的控制方法,下面叙述 N_{top}、N_{bottom}、π 表格数据的生成方法。

① 上起始打开阀门位置 $^hN_{top}$ 的确定

以终轧机出口带钢温度预估值 $^hF_T^*(t_m)$ 为初始温度,经过 $^hN_{top}-1$ 个冷却单元的上下空冷换热过程,使带钢头部运行离开第 $^hN_{top}-1$ 个冷却单元时的带钢上表面温度等于或小于工艺要求的开冷温度(带钢开始进行强制水冷时的初始温度)。具体采用换热方式为上下空冷的模型Ⅱ计算。

② 上起始打开阀门位置 $^hN_{bottom}$ 的确定

$$^hN_{bottom}(t_m)=^hN_{top}(t_m)+R+\upsilon \tag{4-5}$$

其中,υ 为正整数,R 为冷却单元个数。设定的带钢离开终轧机时的厚度 $^hF_d^*(t_m)$ 越薄,则 υ 越大。

③ $^h\pi(t_m)$ 的确定

对于指定临界表面温度的带钢,首先利用带钢卷取温度模型计算找到临界表面温度位置。该位置之前的喷水模式 $^h\pi(t_m)$ 为密集喷水模式("1111"),该位置之后的喷水模式采用稀疏喷水模式。根据工艺要求的最大冷却速率确定喷水模式,即找出低于最大冷却速率的冷却效率最高的喷水模式。精冷区的喷水模式只有密集喷水模式。

4.2.3　混合智能控制算法

4.2.3.1　卷取温度预报算法

(1) 卷取温度预报算法

由于带钢上任一点到达卷取机前的卷取温度计时,该点及其后相当长一段带钢的受控冷却过程实际已经结束,且由于冷却过程的恶劣条件,难以在冷却区域内逐点装置合适的检测设备对带钢温度进行连续准确的检测。因此,卷取温度预报模型对正确进行喷水集管控制阀门开启总数的设定计算有着重要意义[van Ditzhuijzen,1993]。卷取温度预报模型的输入输出可由下式表示:

$$^{h}\hat{T}_{c}(t_{c}+i\Delta\overline{T})=f_{cf}\{^{h}U_{main}(t_{0}+i\Delta\overline{T}),^{h}U_{accu}(t_{0}+i\Delta\overline{T}),^{h}G(t_{m}),^{h}N_{top}(t_{m}),$$
$$^{h}N_{bottom}(t_{m}),^{h}\pi(t_{m}),^{h}F_{T}(t_{f}),^{h}F_{v}(t_{f}),$$
$$^{h}F_{d}(t_{f}),^{h}\chi_{v}(t_{0}+i\Delta\overline{T}),^{h}\chi_{T}(t_{0}+i\Delta\overline{T}),$$
$$^{h}a_{1}(t_{m})\sim^{h}a_{5}(t_{m}),^{h}v_{afw}(t_{m}),^{h}v_{max}(t_{m}),^{h}v_{throw}(t_{m})\} \qquad (4-6)$$

其中$^{h}\hat{T}_{c}(t_{c}+i\Delta\overline{T})$代表当前带钢(序号为$h$)在未来时刻$t_{c}+i\Delta\overline{T}$的卷取温度的预报值,$t_{c}$代表带钢头部到达冷却区出口时刻。卷取温度预报值可以利用第3章建立的带钢卷取温度模型计算,即

$$^{h}\hat{T}_{c}(t_{c}+i\Delta\overline{T})=f_{im}\{^{h}U_{main}(t_{0}+i\Delta\overline{T}),U_{accu}(t_{0}+i\Delta\overline{T}),^{h}N_{top}(t_{f}),^{h}N_{bottom}(t_{f}),$$
$$^{h}\pi(t_{f}),^{h}G(t_{f}),^{h}F_{T}(t_{f}),^{h}F_{v}(t_{f}),^{h}F_{d}(t_{f}),$$
$$^{h}\chi_{T}(t_{0}+i\Delta\overline{T}),^{h}\chi_{v}(t_{0}+i\Delta\overline{T}),$$
$$^{h}a_{1}(t_{f})\sim^{h}a_{5}(t_{f}),^{h}v_{afw}(t_{f}),^{h}v_{max}(t_{f}),^{h}v_{throw}(t_{f})\} \qquad (4-7)$$

$f_{im}(\cdot)$具体算法采用第3章建立的带钢卷取温度模型式(3-100)至式(3-106)。

为了使卷取温度预报模型能够及时反映工况条件变化情况,尽量接近实际生产过程,需要对卷取温度预报模型中用到的水冷换热系数公式中的参数α_{k}^{i}、α_{T}、α_{v}和热导率公式中的参数α_{c}和α_{vd}进行自学习。具体自学习过程如图4-3所示,利用实际卷取温度偏差对参数α_{k}^{i}、α_{T}、α_{v}、α_{c}和α_{vd}进行自学习。当整条带钢冷却结束后,带钢实际卷取温度偏差统计模型对该条带钢所有段的卷取温度预报值$\hat{T}_{c}^{i}$和实际卷取温度值T_{c}^{i}之间的偏差进行统计,统计公式为:

$$EC_{s}=\frac{1}{I}\sum_{i=1}^{I}|T_{c}^{i}-\hat{T}_{c}^{i}| \qquad (4-8)$$

进行参数自学习前需要利用网格寻优搜索技术,以式(4-8)为性能指标函数,找出使其最小的最优带钢参数α_{k0}、α_{T}、α_{v}、α_{c}和α_{vd},与硬度等级G、终轧机出口带钢厚度$^{h}F_{d}$、温度$^{h}F_{T}$、带钢头部速度$^{h}F_{v}$作为新样本送给参数自学习系统,同时启动案例修正系统,对段参数$\Delta\alpha_{k}^{i}$的案例库进行自学习,达到对段参数α_{k}^{i}进行自学习的目的。

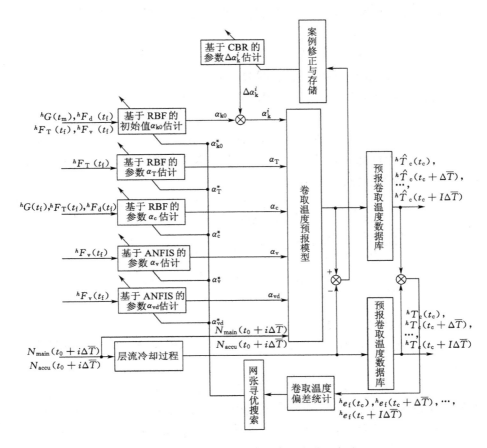

图 4-3　卷取温度预报模型参数自学习方法

具体算法如下：

① 参数 α_{k0}、α_T、α_c 在线自学习算法：

通过调整 RBF 网络隐层节点数 n_c、聚类中心 C_i、连接权系数 w_i 达到参数 α_{k0}、α_T、α_c 自学习的目的。具体采用动态最近邻聚类算法，以 α_{k0} 为例，学习算法如下：

$$\text{If } d_m < d_{th}, \text{then} \quad n_m = n_m + 1, \quad C_m = \frac{\sum_{k=1}^{n_m} X(k)}{n_m}, \quad w_i = \frac{\sum_{k=1}^{n_m} \alpha_{k0}^*(k)}{n_m};$$

$$\text{Else } n_c = n_c + 1, C_i = X(k), w_i = r_{k0}(k); \tag{4-9}$$

其中 α_{k0}^* 由网格搜索得到；k 为样本序号；$X = [G, F_T, F_d, F_v]^T \in R^{4 \times 1}$；$n_c$ 代表

隐层节点数；C_i 为聚类中心；w_i 代表连接权系数；n_m 为隶属于第 m 个聚类的样本个数；d_{th} 为给定半径。

② 参数 α_v、α_{vd} 的自学习方法。

通过调整 ANFIS 网络参数达到参数 α_v、α_{vd} 自学习的目的。具体采用误差信号反传，梯度下降法更新 ANFIS 网络的条件参数。以 α_v 为例，性能函数取

$$E_P(k) = \left[\alpha_v^*(k) - \alpha_v(k)\right]^2 \tag{4-10}$$

取 $E_P(k)$ 为性能函数，假设隶属度函数层采用钟形函数，以隶属度函数参数 η_k 的学习为例，则其学习率为

$$\Delta\eta_k = -\beta\frac{\partial E}{\partial \eta_k}, \beta = 0.01;$$

$$\frac{\partial E}{\partial \eta_k} = \frac{\partial E}{\partial r_v}\frac{\partial r_v}{\partial \omega_k}\frac{\partial \omega_k}{\partial \eta_k} = 2\left[\alpha_v^*(k) - \alpha_v(k)\right]\frac{k_k x + \eta_k}{\omega_1 + \omega_2 + \cdots + \omega_m}\frac{\partial \omega_k}{\partial \eta_k}$$

$$\frac{\partial \omega_k}{\partial \eta_k} = \frac{2}{\left[1 + \left|\dfrac{x_k - c_k}{r_k}\right|^{2\eta_k}\right]^2} \cdot \left|\frac{x_k - c_k}{\alpha_k}\right|^{2\eta_k} \cdot \ln\left|\frac{x_k - c_k}{\alpha_k}\right| \tag{4-11}$$

其中，$\alpha_v^*(k)$ 通过网络搜索技术得到。

③ 段参数 $\Delta\alpha_k^i$ 的自学习方法通过案例修正和案例存储过程实现，具体过程如下：

案例修正实际上包括案例方法评估和错误修正两部分，方法评估是指将获得的新问题的解决方案应用到实际环境中去，根据效果来判断这次案例推理求解成功与否。目前案例修正的方法主要还是基于领域知识的方法，本书采用基于简单规则的方法进行案例修正。

将案例重用后计算所得的 $\Delta\alpha_k^i$ 与其他参数估计值 α_{k0}、α_T、α_v、α_c 和 α_{vd} 代入水冷换热系数与热导率，再代入相应的带钢卷取温度模型，利用网格搜索技术得到使卷取温度计算值和实际卷取温度值之间偏差在 5 ℃ 以内的参数 $\Delta\alpha_k^i$ 值，将该值进行案例存储。

案例存储阶段首先查看该案例的硬度等级是否为新硬度等级，如果是新硬度等级将调整后的案例作为新案例直接存储；如果硬度等级相同，且与库中案例最大案例相似度小于 0.9，则作为新案例存储。如果硬度等级相同，且与库中案例最大案例相似度大于 0.9，则替换相似度最大的一条旧案例，将新案例存储。

（2）实验研究

为了进行卷取温度预报模型的实验研究，利用某大型钢厂实际运行数据进行测试。首先选择 8 月的运行数据建立卷取温度预报模型，再用此模型对同年 9

月 23 日、10 月 18 日、12 月 3 日生产的三条中厚带钢进行卷取温度预报实验。

该钢厂在冷却区入口和出口位置对带钢以 $\Delta\overline{T}=1$ s 的周期对带钢进行等时分段,控制系统对喷水集管控制阀门开启总数的给定计算周期也为 1 s,在冷却区入口和出口位置对带钢以 1 s 的周期进行检测带钢入口温度、速度和出口的卷取温度实测值。因此,每个控制周期给出的喷水集管控制阀门开启总数即为每段带钢对应的喷水集管控制阀门开启总数,每个检测周期检测的实测数据即为每段带钢的实测数据。

三条带钢的具体输入条件和实测卷取温度见表 4-3,主冷区和精冷区喷水集管控制阀门开启总数 $U_{main}(t_0+i\Delta\overline{T})$ 和 $U_{accu}(t_0+i\Delta\overline{T})$(表中为 U_{main}^i、U_{accu}^i),其中 U_{main}^i 的变化范围为 24~56 个,U_{accu}^i 为基本设定量 8 个;上下起始打开阀门位置 N_{top} 为 9,N_{bottom} 为 91,喷水模型 π 为密集喷水,实测卷取温度 $T_c(t_c+i\Delta\overline{T})$(表中为 T_c^i)变化范围为 585.8~655.3 ℃,终轧机出口带钢厚度 F_d 分别为 11.84 mm、11.84 mm、13.72 mm,带钢温度 F_T 分别为 826 ℃、842 ℃、821 ℃,带钢头部速度 F_v 分别为 2.91 m/s、2.91 m/s、2.5 m/s,冷却区入口实测温度 $\chi_T(t_0+i\Delta\overline{T})$(表中为 χ_T^i)范围为 806.3~889.1 ℃,冷却区入口实测速度[表中为 $\chi_v(t_0+i\Delta\overline{T})$]范围为 2.56~3.97 m/s。

表 4-3　　　　　　　　　　验证卷取温度预报模型使用数据

数据序号	段序号	模型输入				模型输出	边界条件					
		U_{main}^i, U_{accu}^i	N_{top}	N_{bottom}	π	T_c^i /℃	G	F_d /mm	F_T /℃	F_v /(m/s)	χ_T^i /℃	χ_v^i /(m/s)
9 月 23 日	0	26,8				654					826.4	3.07
	1	26,8	9	91	1111	651.1	316	11.84	826	2.91	807.3	3.06
	...	...				...					...	...
	63	42,8				622.3					829.6	3.97
10 月 18 日	0	31,8				651.1					820.5	2.6
	1	31,8	9	91	1111	652.6	316	11.84	842	2.91	806.3	2.62
	...	...				...					...	...
	61	55,8				596.1					849.8	2.56
12 月 3 日	0	25,8				655.3					842.4	3.05
	1	25,8	9	91	1111	654.5	316	13.72	821	2.5	853.3	3.05
	...	...				...					...	...
	64	50,8				629.3					831.3	3.5

在相同的输入和工况条件下,卷取温度预报值和某钢厂实际运行数据中的实测卷取温度比较曲线如图 4-4 所示,卷取温度预报值和实测卷取温度之间的

偏差计算结果见表 4-4,从结果可以看出,卷取温度预报模型最大绝对误差 $MAXE$ 为 12.1 ℃,均方根误差 6.34 ℃,预报卷取温度偏差在 5 ℃以内的有 93 段,占总段数(188 段)的比例为 49.47%,预报卷取温度偏差在 10 ℃以内的有 182 段,占总段数(188 段)的比例为 96.8%。

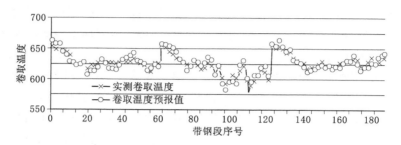

图 4-4   卷取温度预报值和实测卷取温度比较

表 4-4   **卷取温度预报模型偏差**

总段数	$MAXE$ /℃	$RMSE$ /℃	偏差在 5 ℃以内的段数 及占总数的比例	偏差在 10 ℃以内的段数 及占总数的比例
188	12.1	6.34	93,49.47%	182,96.8%

从实验结果可以看出,在大约 3 个月时间内,卷取温度预报模型对卷取温度的预报精度基本在±10 ℃以内,符合卷取温度预报精度的需求。图 4-5 为卷取温度预报模型计算的卷取温度预报值和实测卷取温度之间的偏差归一化之后的自相关函数,从图中可以看出,当样本数 $l=1\sim20$ 时,卷取温度与实测卷取温度之间的偏差序列的自相关系数基本都落在 95% 的置信区间内,因此,

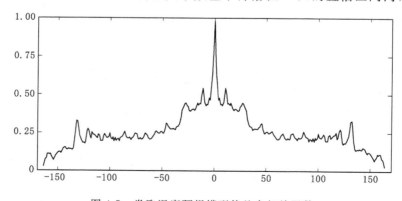

图 4-5   卷取温度预报模型偏差自相关函数

可认为残差序列为白噪声序列,进一步证明了卷取温度预报模型比较接近实际层流冷却过程。

4.2.3.2　喷水集管控制阀门开启总数预设定算法

带钢任意一点从精轧机架运行到卷取温度测温仪时,该点及其后相当长一段带钢的受控冷却过程实际已经结束,而在冷却过程中又不可能对该点温度进行实测和适时调节冷却水量,但同时又要求带钢各点到达卷取温度计时,温度处于精度要求的范围之内。换句话说,即对诸如卷取温度控制这样的物料全长质量控制要求在控制施行过程中不对受控物体的被调量状态进行观测的条件下,保证物料各点到达控制终点时被调量的值满足精度要求,需要对集管阀门开启总数进行预设定。预设定模型包括对主冷区的预设定喷水集管阀门开启总数 $^hU_0(t_{\mathrm{m}})$ 和精冷区基本量 U_{base} 的设定,再将预设定值送到过程控制系统,喷水集管阀门控制器依据设定值提前进行阀门阵列预摆,可以有效消除整个控冷系统动作滞后的影响。

精冷区基本量 $^hU_{\mathrm{base}}$ 一般为 8 个,喷水集管阀门开启总数预设定模型主要任务是根据目标卷取温度 $^hT_{\mathrm{g}}^*(t_{\mathrm{m}})$ 设定主冷区的预设定值 $^hU_0(t_{\mathrm{m}})$, $^hU_0(t_{\mathrm{m}})$ 与 $^hT_{\mathrm{g}}^*(t_{\mathrm{m}})$ 及边界条件的关系可由下式表示:

$$
\begin{aligned}
^hU_0(t_{\mathrm{m}}) = f_0\{&^hT_{\mathrm{g}}^*(t_{\mathrm{m}}), U_{\mathrm{base}}, {}^hF_{\mathrm{T}}^*(t_{\mathrm{m}}), {}^hF_{\mathrm{v}}^*(t_{\mathrm{m}}), {}^hF_{\mathrm{d}}^*(t_{\mathrm{m}}), {}^hG(t_{\mathrm{m}}), \\
&^hN_{\mathrm{top}}(t_{\mathrm{m}}), {}^hN_{\mathrm{bottom}}(t_{\mathrm{m}}), {}^h\pi(t_{\mathrm{m}}), {}^ha_1(t_{\mathrm{m}}), \cdots, {}^ha_5(t_{\mathrm{m}}), \\
&^hv_{\mathrm{afw}}(t_{\mathrm{m}}), {}^hv_{\mathrm{max}}(t_{\mathrm{m}}), {}^hv_{\mathrm{throw}}(t_{\mathrm{m}})\}
\end{aligned}
\tag{4-12}
$$

其中, t_{m} 代表带钢在中间辊道尚未进入冷却区时刻; U_{base} 代表精冷区的基本阀门开启数(8 个); $^hT_{\mathrm{g}}^*(t_{\mathrm{m}})$ 为目标卷取温度; $F_{\mathrm{T}}^*(t_{\mathrm{m}})$, $^hF_{\mathrm{v}}^*(t_{\mathrm{m}})$, $^hF_{\mathrm{d}}^*(t_{\mathrm{m}})$ 为终轧机出口带钢温度、头部运行速度、厚度的预估值; $^hG(t_{\mathrm{m}})$ 为硬度等级; $^hN_{\mathrm{top}}(t_{\mathrm{m}})$, $^hN_{\mathrm{bottom}}(t_{\mathrm{m}})$ 为上、下起始阀门开启位置; $^h\pi(t_{\mathrm{m}})$ 为喷水模式; $^ha_1(t_{\mathrm{m}})$, $\cdots$, $^ha_5(t_{\mathrm{m}})$ 为 5 个加速运行段的加速; $^hv_{\mathrm{afw}}(t_{\mathrm{m}})$ 为经过第二个加速阶段后应该达到的速度; $^hv_{\mathrm{max}}(t_{\mathrm{m}})$ 为最高速度; $^hv_{\mathrm{throw}}(t_{\mathrm{m}})$ 为允许最高抛钢速度; $^hU_0(t_{\mathrm{m}})$ 为喷水集管控制阀门开启总数预设定值;其中为 $^hT_{\mathrm{g}}^*(t_{\mathrm{m}})$ 模型输入, $^hU_0(t_{\mathrm{m}})$ 为模型输出。

式(4-12)中 $f_0(\cdot)$ 代表了目标卷取温度 T_{g}^* 与喷水集管控制阀门开启总数预设定值 U_0 之间的关系。可以利用第 3 章已经建立第 i 段带钢喷水集管控制阀门开启总数与卷取温度之间的关系模型求出预设定值。带钢头部段号为 "0",取 $i=0$,得到第 0 段带钢喷水集管控制阀门开启总数与卷取温度关系如下:

$$y^0(t_c) = f_{im}\{U(t_0), U_{base}, N_{top}(t_m), N_{bottom}(t_m), \pi(t_m), G(t_m),$$

$$F_T(t_f), F_v(t_f), F_d(t_f), \chi_T(t_0), \chi_v(t_0),$$

$$a_1(t_m) \sim a_5(t_m), v_{afw}(t_m), v_{max}(t_m), v_{throw}(t_m)\} \quad\quad (4\text{-}13)$$

其中 $y^0(t_c)$ 代表带钢头部的卷取温度值;$U(t_0)$ 代表带第 0 段带钢对应的喷水集管控制阀门开启总数;$\chi_T(t_0)$、$\chi_v(t_0)$ 代表带钢头部进入冷却区时实测温度和运行速度。如果将 $y^0(t_c)$ 用目标卷取温度 T_g^* 代替,$U(t_0)$ 用预设定值 $U_0(t_m)$ 代替,$\chi_T(t_0)$、$\chi_v(t_0)$ 用终轧机出口位置的预设定值 $F_T^*(t_m)$、$F_v^*(t_m)$ 代替,终轧机出口实际带钢温度和带钢头部运行速度用预估值 $F_T^*(t_m)$、$F_v^*(t_m)$ 代替,则喷水集管控制阀门开启总数预设定模型式(4-12)与式(4-13)是逆关系,即

$$f_0(\cdot) = f_{im}^{-1}(\cdot) \quad\quad (4\text{-}14)$$

即喷水集管控制阀门开启总数预设定值 ${}^h U_0(t_m)$ 满足方程

$$^h T_g^*(t_m) = f_{im}\{^h U_0(t_m), U_{base}, {}^h G(t_m), {}^h N_{top}(t_m), {}^h N_{bottom}(t_m), {}^h\pi(t_m),$$

$$^h F_T^*(t_m), {}^h F_v^*(t_m), F_d^*(t_m), {}^h F_T^*(t_m), {}^h F_v^*(t_m),$$

$$^h a_1(t_m), \cdots, {}^h a_5(t_m), {}^h v_{afw}(t_m), {}^h v_{max}(t_m), {}^h v_{throw}(t_m)\} \quad\quad (4\text{-}15)$$

上式代表如果以预设定的喷水集管控制阀门开启总数 $U_0(t_m)$ 作为式(4-13)的输入,并以终轧机出口预估值 (F_T^*, F_v^*) 代替实测带钢头部温度和运行速度 (χ_T^0, χ_v^0) 和终轧机出口实际带钢温度和带钢头部运行速度 $F_T(t_f)$、$F_v(t_f)$,计算得到的带钢头部卷取温度 $y^0(t_c)$ 恰好为目标卷取温度 T_g^*。由于卷取温度远离了带钢发生相变出现潜热现象的温度范围,卷取温度 T_g^* 与集管阀门开启总数之间是单调函数,因此,对应于目标卷取温度 T_g^*,可以得到唯一的应该打开喷水集管控制阀门开启总数的解。

$f_{im}^{-1}(\cdot)$ 是一个复杂的隐式方程,不能直接求解,本书采用扰动输入法逼近真实解 U_0。具体方法是首先给定一个合适的主冷区喷水集管控制阀门开启总数设定值 U_m[使 $f_{im}(U_m) > T_q$,T_q 为相变温度],然后以一个阀门为扰动输入量 ΔU,即每打开一个阀门($\Delta U = 1$),计算该阀门下的冷却效率

$\Delta TEMP [f_{im}(U) - f_{im}(U + \Delta U)]$,再与目标总温降 $\Delta TEMP^*$ 相比较。目标总温降 $\Delta TEMP^*$ 为目标卷取温度 T_g^* 和终轧机出口带钢温度预估值之差,即

$$\Delta TEMP^* = F_T^* - T_g^* \quad\quad (4\text{-}16)$$

取性能指标函数为

$$J_0 = |\Delta TEMP - \Delta TEMP^*| \qu\quad (4\text{-}17)$$

则问题转化为:找到 ΔU,ΔU 满足使 J_0 最小。再使 ${}^h U_0(t_m) = U_m + \Delta U$,则

$^hU_0(t_m)$ 即为所求。具体计算流程如图 4-6 所示。

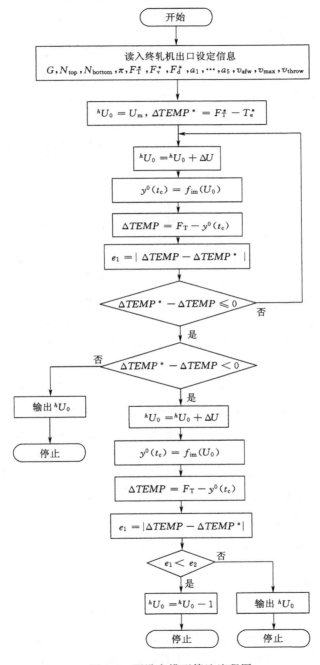

图 4-6 预设定模型算法流程图

4.2.3.3 喷水集管控制阀门开启总数预报补偿算法

预报补偿模型的输入输出可由下式表示：

$$^hN_f(t_0+i\Delta\overline{T})=f_f\{^h\chi_T(t_0+i\Delta\overline{T}),^h\chi_v(t_0+i\Delta\overline{T}),^he_f(t_c+i\Delta\overline{T})\} \tag{4-18}$$

$$^he_f(t_c+i\Delta\overline{T})=^h\hat{T}_c(t_c+i\Delta\overline{T})-T_g^*(t_m) \tag{4-19}$$

模型输入为 $^h\chi_T(t_0+i\Delta\overline{T})$、$^h\chi_v(t_0+i\Delta\overline{T})$、$^he_f(t_c+i\Delta\overline{T})$ 三个量，模型输出为 $^hN_f(t_0+i\Delta\overline{T})$；$^he_f(t_c+i\Delta\overline{T})$ 代表目标卷取温度 $^hT_g^*(t_f)$ 与卷取温度预报值 $^h\hat{T}_c(t_c+i\Delta\overline{T})$ 之间的偏差；$^hN_f(t_0+i\Delta\overline{T})$ 为主冷区喷水集管控制阀门开启总数预报补偿值，补偿周期为 $\Delta\overline{T}$。

4.2.3.3.1 预报补偿策略

由于预报补偿的目标是消除预报卷取温度偏差 $^he_f(t_c+i\Delta\overline{T})$，基于这个思路可以采用传统的 PI 控制算法来实现。另外一方面，由于层流冷却过程具有强非线性，且边界条件变化频繁导致其动态特性非线性变化，如果采用固定的 PI 参数控制难以取得令人满意的效果[128]。为了保证在各种工况下均具有较优的调节性能，需要根据工况条件的变化动态整定 PI 参数。由于工况条件的非线性变化难以采用常规方法确定 PI 参数，结合层流冷却过程专家经验，采用案例推理的方法动态调整 PI 参数，使之随工况条件的变化而变化，以保证控制性能。

本书提出如图 4-7 所示的预报补偿模型，主要包括基于案例推理技术的 PI 参数确定模型和基于 PI 算法的预报补偿模型两部分，其中基于案例推理技术的 PI 参数确定模型根据冷却区入口位置的实测温度 χ_T 和实测速度 χ_v 推理得到适合当前工况条件的 PI 参数值，接着送给基于 PI 算法的预报补偿模型，基于 PI 算法的预报补偿模型以预报卷取温度偏差 $^he_f(t_c+i\Delta\overline{T})$ 为调整参数计算应该补偿的阀门开启总数 $^hN_f(t_0+i\Delta\overline{T})$。

4.2.3.3.2 预报补偿算法

喷水集管控制阀门开启总数预报补偿算法的设计性能指标 J_f 如下：

$$J_f=w_1|^he_f(t_c+i\Delta\overline{T})|+w_2M_f<J_{fh},w_1+w_2=1,且\ w_1>w_2 \tag{4-20}$$

$$|^he_f(t_c+i\Delta\overline{T})|<\delta_f \tag{4-21}$$

$$^he_f(t_c+i\Delta\overline{T})=^h\hat{T}_c(t_c+i\Delta\overline{T})-^hT_g^*(t_m) \tag{4-22}$$

其中，δ_f 为给定目标偏差范围，J_{fh} 为性能指标需要满足的值，经验给定，$^he_f(t_c+i\Delta\overline{T})$ 代表卷取温度预报偏差，M_f 为 PI 调整总次数，w_1、w_2 为加权系数。该指

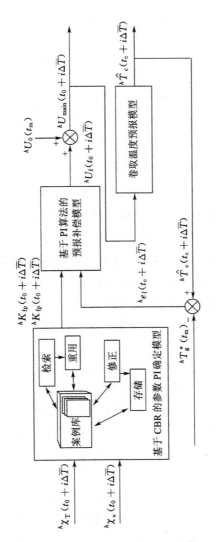

图 4-7　基于 CBR 与 PI 相结合的预报补偿模型结构

标含义为:在一定工况条件下,设计的喷水集管控制阀门开启总数预报补偿算法能够使卷取温度预报偏差收敛至一定范围内($|{}^h e_f(t_c + i\Delta\overline{T})| < \delta_f$),且调整次数 M_f 尽量少。基于这一性能指标给出具体基于 PI 算法的预报补偿算法。

(1)基于 PI 算法的预报补偿算法

本书设计的基于 PI 算法的预报补偿模型本质为一位置型 PI 调节器,根据预报卷取温度的偏差 ${}^h e_f(t_c + i\Delta\overline{T})$ 给出主冷区阀门开启总数的预报补偿量 ${}^h U_f(t_0 + i\Delta\overline{T})$,最终使卷取温度预报值 $|{}^h e_f(t_c + i\Delta\overline{T})| < \delta_f$,PI 调整的具体算法如下:

$$
{}^h U_f(t_0 + i\Delta\overline{T}, m) = {}^h K_{fp}(t_0 + i\Delta\overline{T})\,{}^h e_f(t_c + i\Delta\overline{T}, m) +
$$
$$
{}^h K_{fi}(t_0 + i\Delta\overline{T}) \sum_{p=1}^{m} e_f(t_c + i\Delta\overline{T}, p) \tag{4-23}
$$

$$
{}^h e_f(t_c + i\Delta\overline{T}, m) = {}^h \hat{T}_c(t_c + i\Delta\overline{T}, m) - {}^h T_g^*(t_m) \tag{4-24}
$$

其中,h 为当前带钢序号;m 为当前调整次数;${}^h U_f(t_0 + i\Delta\overline{T}, m)$ 表示经过 m 次 PI 调整后喷水集管控制阀门开启总数预报补偿量;${}^h e_f(t_c + i\Delta\overline{T}, m)$ 表示经过 m 次 PI 调整后的卷取温度预报偏差;${}^h \hat{T}_c(t_c + i\Delta\overline{T}, m)$ 为将预设定开阀数 ${}^h N_0(t_m)$ 与 ${}^h U_f(t_0 + i\Delta\overline{T}, m)$ 相加后送给卷取温度预报模型得到的卷取温度预报值;${}^h K_{fp}(t_0 + i\Delta\overline{T})$、${}^h K_{fi}(t_0 + i\Delta\overline{T})$ 分别代表随时刻 $t_0 + i\Delta\overline{T}$ 的工况条件变化的比例和积分参数,由案例推理技术给出。假设一共经过 M_f 次的调整,使 $|{}^h e_f(t_c + i\Delta\overline{T}, M_f)| < \delta_f$,则停止 PI 算法调整,此刻的 ${}^h U_f(t_0 + i\Delta\overline{T}, M_f)$ 作为最终结果给出,即

$$
{}^h U_f(t_0 + i\Delta\overline{T}) = {}^h U_f(t_0 + i\Delta\overline{T}, M_f) \tag{4-25}
$$

(2)基于案例推理技术的 PI 参数确定模型

基于案例推理技术的 PI 参数确定模型根据冷却区入口位置实测带钢温度 $\chi_T(t_0 + i\Delta\overline{T})$、实测带钢运行速度 $\chi_v(t_0 + i\Delta\overline{T})$ 给出适合当前工况条件的 PI 参数 ${}^h K_{fp}(t_0 + i\Delta\overline{T})$ 和 ${}^h K_{fi}(t_0 + i\Delta\overline{T})$。具体需要经过案例产生、案例检索、案例重用、案例修正和存储几个过程,描述如下。

① 预报补偿器的 PI 参数初始案例库的建立、案例表示及案例检索

由于工况条件的变化使得对象特性发生变化,因此,影响对象被控性能参数 PI 与工况条件相关。案例结构见表 4-5,案例由检索特征和解特征组成,描述特征由 χ_T 和 χ_v 组成,解特征为参数 K_{fp}、K_{fi}。

表 4-5　　　　　　　　　　　预报补偿器的 PI 参数的案例结构

检索特征		解特征	
x_1	x_2	y_1	y_2
χ_T	χ_v	K_{fp}	K_{fi}

初始案例库的建立是通过利用卷取温度预报模型进行离线实验,采用网格搜索[108]技术找出满足上述性能指标式(4-20)的 PI 参数,从而建立 PI 参数与工况条件之间的关系,并形成初始案例库。

案例检索阶段采用近邻检索的方法,具体过程参照第 3 章模型参数估计方法中相关内容。

② 预报补偿器的 PI 参数案例重用及案例修正

案例重用阶段直接重用相似度最大的一条案例进行重用。案例修正阶段首先将 PI 参数值代入公式(4-23)计算得当前带钢采样时刻 t 对应的带钢段的预报补偿量 ${}^hU_f(t_0+i\Delta\overline{T})$,并记录在该 PI 参数条件下的调整次数 M_f。再将该补偿值与预设定的喷水集管控制阀门开启总数 ${}^hU_0(t_m)$ 做和代入卷取温度预报模型求卷取温度预报值 ${}^h\hat{T}_c(t_c+i\Delta\overline{T})$,与目标卷取温度 ${}^hT_g^*(t_m)$ 做差求取预报卷取温度偏差 ${}^he_f(t_0+i\Delta\overline{T})$,根据式(4-20)、式(4-21)查看设计的 PI 调整算法是否满足性能指标,如果满足认为该补偿器对应的 PI 参数合格,否则认为该 PI 参数不合格,需要通过案例修正过程对其进行修正。案例修正阶段重新采用网格搜索技术,利用卷取温度预报模型重新给出对应该性能指标的 PI 参数值。

③ 案例存储

案例存储阶段首先查看该案例的硬度等级 G 是否为新的硬度等级,如果是新硬度等级将调整后的案例作为新案例直接存储;如果硬度等级相同,但与库中案例最大案例相似度小于 0.9,也作为新案例存储。PI 参数随着案例库中积累的工况和知识的增加而不断改善并得到动态整定,从而实现对运行工况和边界条件变化的自适应。

4.2.3.4　喷水集管控制阀门开启总数批次间补偿算法

前述的预设定模型与预报补偿模型结合在一起实际是基于预报模型的一种控制,如果卷取温度预报模型足够精确,理论上能对可测的工况干扰作充分的补偿。但是,往往卷取温度预报模型本身存在偏差,此外,系统中还有不可控随机干扰,因此,为了提高控制精度还需要加入批次间补偿控制,以弥补预报补偿控制的不足。然而当检测到实际卷取温度时,该点的冷却控制已经结束,而该点的卷取温度实测值与同一条带钢后续的控制点没有直接的因果关系,因此,实际上批次间的补偿控制作用于后续的待冷却带钢。从可靠性考虑,喷水集管控制阀门开启总数批次间补偿量只作用于精冷区,并在基本精冷喷水量 U_{base} 基础上进行补偿(U_{base} 由预设定模型给出)。精冷区的基本喷水量 U_{base} 指靠近出口位置的 8 个精冷阀以密集型水冷方式上下对应打开(有助于精冷调整和带钢稳定运行),因此,批次间补偿量不会超过 16 个阀,这种设计本身保证了精冷控制力度小,避免误操作。

迭代学习控制方法特别适用于具有重复运行性质的被控对象,可实现有限区间上的完全跟踪任务[129]。迭代学习控制是充分利用前几次的控制信息构成当前的控制输入信号,且不依赖被控对象的详细模型。最常用的迭代学习算法主要有 P 型、D 型、PI 型、PID 型[130,131]等,基于预测控制的迭代学习[132,133]、迭代学习滑模控制[134]、基于神经网络的迭代学习[136,135]、基于自适应的迭代学习[137]等。层流冷却过程的重复性和迭代学习的特点使得迭代学习方法特别适用于层流冷却过程带钢之间(批次之间)的学习,即一条带钢冷却结束后,利用实际的卷取温度偏差,运用某种学习规律对下一条类似的操作条件的带钢进行调整,使经过几条带钢的调整,使实际卷取温度偏差越来越小。

4.2.3.4.1 带钢批次间迭代学习补偿策略

本书设计的带钢批次间迭代学习补偿方法是针对同一规格的带钢内进行学习的。同一类规格的概念是按照现有钢厂的规格分类标准,即硬度等级、终轧机出口带钢厚度等级、目标卷取温度等级相同为同一类规格,具体等级划分见表 4-2。同一规格的带钢具有类似的操作工况。

喷水集管阀门开启总数批次间补偿模型的目标是消除实际卷取温度偏差,而经典的 PI 迭代学习方法利用系统前面的控制经验和输出误差来修正当前的控制信息,且 PI 迭代学习模型不需要辨识系统的参数,属于基于品质的自学习控制,需要较少先验知识,因此,本书提出如图 4-8 所示的基于 PI 型迭代学习方法的批次间补偿模型,包括基于案例推理技术的 PI 参数确定模型、实际卷取温度误差统计模型、基于 PI 型迭代学习的批次间补偿模型、初始工况条件匹配机制几个部分,各部分功能如下。

(1)基于案例推理(CBR)技术的 PI 参数确定模型

基于案例推理技术的 PI 参数确定模型利用当前带钢的硬度等级 ${}^hG(t_m)$、终轧机出口带钢厚度 ${}^hF_d(t_f)$、冷却区入口的实测带钢温度 ${}^h\chi_T(t_0+i\Delta \overline{T})$ 和实测运行速度$^h\chi_v(t_0+i\Delta\overline{T})$数据,采用案例推理技术确定符合当前带钢段工况的 PI 参数$^hK_{bp}(t_0+i\Delta\overline{T})$和$^hK_{bi}(t_0+i\Delta\overline{T})$。

（2）实际卷取温度偏差统计模型

在迭代学习调整过程中,实际卷取温度偏差统计模型根据历史运行的前 $h-1$条带钢实际卷取温度测量值$^1T_c(t_c+i\Delta\overline{T})$,$^2T_c(t_c+i\Delta\overline{T})$,…,$^{h-1}T_c(t_c+i\Delta\overline{T})$和目标卷取

温度$^hT_g^*(t_m)$相比较得到实际卷取温度偏差统计值,即所有参与迭代学习调整的实际卷取温度偏差和$\sum\limits_{p=1}^{h-1}{}^pe_b(t_c+^pi\Delta\overline{T})$。

（3）初始工况条件匹配机制

初始工况条件匹配是根据历史运行过的带钢的实际卷取温度和对应的初始条件,找出与当前入口带钢段初始条件一致的历史工况和实际卷取温度。

（4）带钢批次间补偿模型

带钢批次间补偿模型根据案例推理技术给出的 PI 参数$^hK_{bp}(t_0+i\Delta\overline{T})$、$^hK_{bi}(t_0+i\Delta\overline{T})$、统计模型给出的$^{h-1}e_b(t_c+^{h-1}i\Delta\overline{T})$、$\sum\limits_{p=1}^{h-1}{}^pe_b(t_c+^pi\Delta\overline{T})$、上一次的迭代控制补偿量$^{h-1}U_b(t_c+i\Delta\overline{T})$,采用PI型迭代学习算法对当前精冷区的喷水集管阀门开启总数进行调整,确定当前带钢的喷水集管控制阀门开启总数补偿量$^hU_b(t_c+i\Delta\overline{T})$,调整周期为$\Delta\overline{T}$。

4.2.3.4.2　迭代学习补偿算法

批次间补偿算法的性能指标J_b设计如下:

$$J_b=\zeta_1|^he_b(t_c+i\Delta\overline{T})|+\zeta_2M_b<J_{bh},\ \zeta_1+\zeta_2=1,且\ \zeta_1<\zeta_2 \qquad (4\text{-}26)$$

$$|^{M_b}e_b(t_c+i\Delta\overline{T})|<\delta_b \qquad (4\text{-}27)$$

$$^{M_b}e_b(t_c+i\Delta\overline{T})=^{M_b}T_c(t_c+i\Delta\overline{T})-^hT_g^*(t_m) \qquad (4\text{-}28)$$

其中,J_{bh}为给定的性能指标需要满足的值;M_b为总的 PI 迭代学习调整次数,代表M_b条带钢;$^{M_b}e_b(t_c+i\Delta\overline{T})$代表经过$M_b$条带钢（$M_b$个批次）的调整后带钢的实际卷取温度预报偏差;$\delta_b$为目标偏差范围,小于公式(4-4)中$\sigma$;$\zeta_1$、$\zeta_2$为加权系数。该指标含义为:在一定工况条件下,设计的批次间补偿算法能够使实际卷取温度偏差收敛至一定范围内($|^{M_b}e_b(t_c+i\Delta\overline{T})|<\delta_b$),且总的调整次数$M_b$尽量少。基于这一性能指标下面给出具体的基于 PI 型迭代学习算法的批次间补偿算法。

（1）基于 PI 迭代学习调整的批次间补偿算法

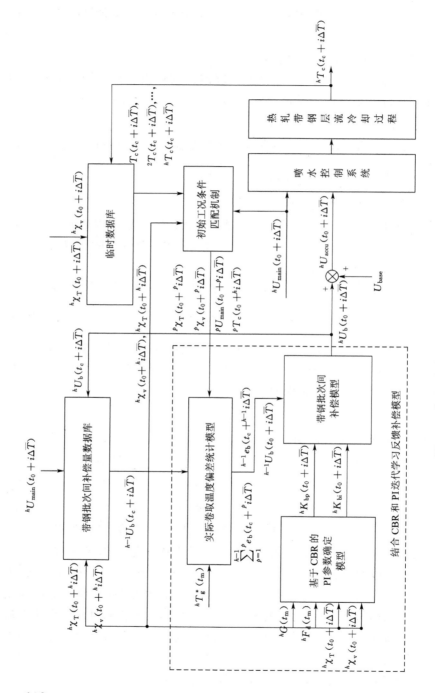

图 4-8　基于 PI 迭代学习算法的批次间补偿模型

根据经典的 PI 型迭代学习律[129,132,138]，第 h 次的迭代学习量为：

$$^hU_b(t_0+i\Delta\overline{T}) = {}^{h-1}U_b(t_0+i\Delta\overline{T}) + {}^hK_{bp}(t_0+i\Delta\overline{T})^{h-1}e_b(t_c+i\Delta\overline{T}) +$$

$$^hK_{bi}(t_0+i\Delta\overline{T})\sum_{p=1}^{h-1}{}^pe_b(t_c+{}^pi\Delta\overline{T}) \tag{4-29}$$

式中

$$^he_b(t_c+i\Delta\overline{T}) = {}^hT_c(t_c+i\Delta\overline{T}) - {}^hT_g^*(t_m) \tag{4-30}$$

其中，h 代表当前带钢序号；$^hU_b(t_0+i\Delta\overline{T})$ 为待求的当前带钢的喷水集管控制阀门开启总数的批次间补偿量；$^1\pi=1111$ 代表前一次迭代结果；$^{h-1}e_b(t_c+i\Delta\overline{T})$ 为前一次调整后的带钢实际卷取温度偏差；$\sum_{p=1}^{h-1}{}^pe_b(t_c+{}^pi\Delta\overline{T})$ 代表所有参与迭代学习调整过程中的实际卷取温度偏差之和；$^hK_{bp}(t_0+i\Delta\overline{T})$ 和 $^hK_{bi}(t_0+i\Delta\overline{T})$ 代表随工况条件的变化而变化的比例积分参数，由案例推理技术给出。

假设共经过 M_b 条带钢的迭代学习调整，才使 $|^{M_b}e_b(t_c+i\Delta\overline{T})| < \delta_b$，则停止迭代学习调整，此刻的 $^{M_b}U_b(t_c+i\Delta\overline{T})$ 作为最终结果，并存储备用。

（2）基于案例推理技术的 PI 参数确定模型

由于操作工况发生变化，导致对象特性发生变化，采用变参数的学习控制器的控制性能能够取得更好的控制性能[128]，因此本书设计的迭代学习器 PI 参数随工况条件的变化而变化。基于案例推理技术的 PI 参数确定模型经过迭代学习器 PI 参数案例的产生、案例检索、案例重用、案例存储几个过程最终确定迭代学习器 PI 参数，具体如下。

① 迭代学习器的 PI 参数案例表示和存储结构

批次间的学习策略是针对同一规格的带钢之间（批次之间）的学习，因此迭代学习 PI 参数与硬度等级 $^hG(t_m)$、终轧机出口带钢厚度 $^hF_d(t_f)$ 相关，且参与迭代学习的条件是不同带钢具有相似的冷却区入口实测温度 $^h\chi_T(t_0+i\Delta\overline{T})$ 及实测速度 $^h\chi_v(t_0+i\Delta\overline{T})$，因此 PI 参数与 $^h\chi_T(t_0+i\Delta\overline{T})$、$^h\chi_v(t_0+i\Delta\overline{T})$ 也相关。本书设计的迭代学习 PI 参数案例推理系统中的案例结构见表 4-6，案例的描述特征由 G、F_d、χ_T 及 χ_v 组成，解特征为迭代学习器的比例积分系数 K_{bp} 与 K_{bi}。

表 4-6　　　　　　　　批次间补偿器的 PI 参数的案例结构

检索特征				解特征	
x_1	x_2	x_3	x_4	y_1	y_2
G	F_d	χ_T	χ_v	K_{bp}	K_{bi}

案例存储采用如图 4-9 所示的层次结构存储方式,第一层为硬度等级节点,第二层为终轧机出口带钢厚度预估值节点,每 2 mm 为一个节点,第三层节点由冷却区入口位置的实测温度 χ_T 及实测速度 χ_v 组成的二维节点。

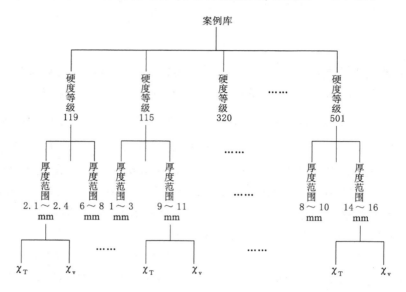

图 4-9　批次间补偿器 PI 参数的案例存储结构

② 初始案例库的建立

建立初始案例库需要利用第 3 章建立的热轧带钢层流冷却动态过程模型作为被控对象模型,经过离线实验,采用网格搜索[108]技术找出满足上述性能指标式(4-26)、式(4-27)的迭代学习器的 PI 参数,从而建立 PI 参数与工况条件之间的关系,形成初始案例库。

③ 基于层次检索与相联检索相结合的案例检索

对应于 PI 参数案例的层次存储结构,案例检索阶段采用层次检索与相联检索相结合的混合检索方法。首先,进行层次检索,即检索出硬度等级与问题案例硬度等级相同的节点,即一级检索匹配阈值为 1;然后,进入第二层节点检索该硬度等级节点下问题案例的终轧机出口带钢厚度预估值所在厚度范围内所有案例;最后,以冷却区入口位置的实测温度 χ_T 及实测速度 χ_v 为检索特征,采用基于最近邻的相联检索方式,查找案例库中与当前实际工况偏差相近的偏差工况。

④ 最大相似度的案例重用和案例修正

案例重用阶段直接用相似度最大的一条案例进行重用。案例修正阶段首先将 PI 参数值代入公式(4-29)计算每条参与调整的带钢批次间补偿量,再将该补偿值与预设定的喷水集管控制阀门开启总数及预报补偿量送给过程控制系统执行,记录调整过程的实际卷取温度偏差和调整次数,如果满足性能指标式(4-26)和式(4-27)认为该 PI 参数合格,反之,需要离线进行案例修正。案例修正阶段利用第三章建立的热轧带钢层流冷却动态过程模型作为被控对象模型,经过网格搜索[108]技术找出满足上述性能指标式(4-26)和式(4-27)的迭代学习器的 PI 参数。

⑤ 案例存储

案例存储阶段首先查看该案例的硬度等级 G 是否为新的硬度等级,如果是新硬度等级将调整后的案例作为新案例直接存储;如果硬度等级相同,但与库中案例最大案例相似度小于 0.9,也作为新案例存储。PI 参数随着案例库中积累的工况和知识的增加而不断改善并得到动态整定,从而实现对运行工况和边界条件变化的自适应。

(3) 实际卷取温度偏差统计模型

从 PI 型迭代学习算法式(4-29)可以看出,迭代学习的前提条件是初始工况条件相同。实际卷取温度偏差统计模型的功能是将历史运行的同一初始工况条件下的实际卷取温度偏差进行累积求和,即 $\sum_{p=1}^{h-1} {}^p e_{\rm b}(t_{\rm c} + {}^p i\Delta T)$。

下面用一个例子具体说明在迭代学习过程中实际卷取温度偏差统计模型的作用。如图 4-10 所示,在冷却过程中,当出现实际卷取温度偏差 $|e_{\rm b}(t_{\rm c} + i\Delta T)| > \delta_{\rm b}$ 且命中率(被控制在目标温度范围内的带钢段数占总段数的比例)低于 κ^* ﹪时,则启动批次间补偿模型。记当前出现偏差的这条带钢序号为"1",假设第一条带钢冷却结束后,在卷取时刻 $t_{\rm c} + {}^1 i\Delta T$ 出现偏差 ${}^1 e(t_{\rm c} + {}^1 i\Delta T) > \delta_{\rm b}$,对应的初始工况条件 ${}^1 \Omega(t_0 + {}^1 i\Delta T)$ 由 ${}^1 F_{\rm d}(t_{\rm m})$、${}^1 U_{\rm main}(t_0 + {}^1 i\Delta T)$、${}^1 \chi_{\rm T}(t_0 + {}^1 i\Delta T)$、${}^1 \chi_{\rm v}(t_0 + {}^1 i\Delta T)$ 组成。则批次间补偿问题可以描述为:工况条件为 ${}^1 \Omega(t_0 + {}^1 i\Delta T)$ 的条件下,应该给出多大的批次间补偿量才能消除实际偏差 ${}^1 e(t_{\rm c} + {}^1 i\Delta T)$。

具体迭代学习求解过程如下:

① 第二条带钢($h = 2$)进入冷却区时,如果时刻 $t_0 + {}^2 i\Delta T$ 的初始工况条件 ${}^2 \Omega(t_0 + {}^2 i\Delta T)$ 与 ${}^1 \Omega(t_0 + {}^1 i\Delta T)$ 最相似,则将 ${}^1 e(t_{\rm c} + {}^1 i\Delta T)$ 作为调节参数采用公式(4-29)得到该时刻的补偿值 ${}^2 N_{\rm b}(t_0 + {}^2 i\Delta T)$,与基本精冷喷水量 $U_{\rm base}$ 做和

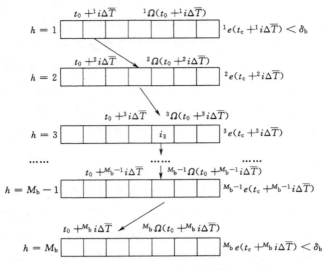

图 4-10　带钢批次间迭代学习补偿原理图

送给过程控制系统执行,冷却结束后记录实际卷取温度偏差 $^2e(t_c+^2i\Delta\overline{T})$,与前一条带钢的实际偏差 $^1e(t_c+^1i\Delta\overline{T})$ 送给实际卷取温度偏差统计模型,对二者求和得到 $\sum\limits_{p=1}^{2}{}^pe(t_c+^pi\Delta\overline{T})$。

② 第三条带钢($h=3$)进入冷却区时,如果时刻 $t_0+^3i\Delta\overline{T}$ 的初始工况条件 $^3\Omega(t_0+^3i\Delta\overline{T})$ 与 $^2\Omega(t_0+^2i\Delta\overline{T})$ 最相似,则将 $^2e(t_c+^2i\Delta\overline{T})$、$\sum\limits_{p=1}^{2}{}^pe(t_c+^pi\Delta\overline{T})$ 和上一次的调整量 $^2N_b(t_0+^2i\Delta\overline{T})$ 作为调节参数采用公式(4-29)得到该时刻的补偿值 $^3N_b(t_0+^3i\Delta\overline{T})$,与基本精冷喷水量 U_{base} 做和送给过程控制系统执行,冷却结束后记录实际卷取温度偏差 $^3e(t_c+^3i\Delta\overline{T})$,与前两条带钢的实际偏差送给实际卷取温度偏差统计模型,求和得到 $\sum\limits_{p=1}^{3}{}^pe(t_c+^3i\Delta\overline{T})$。

③ 依次类推,假设经过 M_b 条带钢的迭代学习调整后使 $^{M_b}e(t_c+^{M_b}i\Delta\overline{T})<\delta_b$,则停止迭代学习,调整后的喷水集管控制阀门开启总数批次间补偿值 $^{M_b}N_b(t_0+^{M_b}i\Delta\overline{T})$。则将工况 Ω_b 和喷水集管控制阀门开启总数批次间补偿量 $^{M_b}N_b(t_0+^{M_b}i\Delta\overline{T})$ 存入带钢批次间补偿量数据库,其中 Ω_b 代表 $F_d(t_m)$、$\overline{U}_{main}(t_0+i\Delta\overline{T})$、$\overline{\chi}_T(t_0+i\Delta\overline{T})$、$\overline{\chi}_v(t_0+i\Delta\overline{T})$,各元素为所有相似工况的平均工况,即

$$\overline{F}_d(t_m) = \frac{\sum_{p=1}^{M_b} {}^pF_d(t_m)}{M_b}$$

$$\overline{U}_{main}(t_0 + i\Delta\overline{T}) = \sum_{p=1}^{M_b} {}^pU_{main}(t_0 + {}^pi\Delta\overline{T})$$

$$\overline{\chi}_T(t_0 + i\Delta\overline{T}) = \sum_{p=1}^{M_b} {}^p\chi_T(t_0 + {}^pi\Delta\overline{T})$$

$$\overline{\chi}_v(t_0 + i\Delta\overline{T}) = \sum_{p=1}^{M_b} {}^h\chi_v(t_0 + {}^pi\Delta\overline{T}) \tag{4-31}$$

④ 下一条带钢进入冷却区，如果时刻 $t_0 + {}^4i\Delta\overline{T}$ 的初始工况条件 ${}^4\Omega(t_0 + {}^4i\Delta\overline{T})$ 与 Ω_b 相似度达到 95%，则直接给出 ${}^4N_b(t_0 + {}^4i\Delta\overline{T}) = {}^{M_b}N_b(t_0 + {}^{M_b}i\Delta\overline{T})$。

（4）初始工况匹配准则

从上述迭代学习过程可以看出，在迭代学习中需要进行相似工况条件的判断，找出相似工况条件才能进行同一工况条件的迭代学习过程。迭代学习方法要求初始工况条件相同[139]，在实际应用中，不可能有完全相同操作条件的带钢，为了避免出现正反馈，增加一个初始工况条件匹配模型，目的是找出相似的操作工况，使迭代学习的批次间补偿量作用在相似操作条件的时刻上。参与迭代学习的带钢首先应该同属于一类规格，即硬度等级相同，同一个终轧机出口带钢厚度等级、同一个目标卷取温度等级，在此条件下，${}^\alpha\Omega(t_0 + {}^\alpha i\Delta\overline{T})$ 与 ${}^\beta\Omega(t_0 + {}^\beta i\Delta\overline{T})$ 两种初始条件相似度 $SM_{\alpha\beta}$ 必须大于 0.93 才能视为相似工况，相似度 $SM_{\alpha\beta}$ 公式为

$$SM_{\alpha\beta} = \frac{1}{1 + \mu d_{\alpha\beta}} \tag{4-32}$$

$$d_{\alpha\beta} = (\omega_1^2\Delta F_d^2 + \omega_2^2\Delta N_{af}^2 + \omega_3^2\Delta\chi_T^2 + \omega_4^2\Delta\chi_v^2)^{\frac{1}{2}} \tag{4-33}$$

$$\Delta F_d = {}^\alpha F_d(t_f) - {}^\beta F_d(t_f) \tag{4-34}$$

$$\Delta U_{main} = {}^\alpha U_{main}(t_0 + {}^\alpha i\Delta\overline{T}) - {}^\beta U_{main}(t_0 + {}^\beta i\Delta\overline{T}) \tag{4-35}$$

$$\Delta\chi_T = {}^\alpha\chi_T(t_0 + {}^\alpha i\Delta\overline{T}) - {}^\beta\chi_T(t_0 + {}^\beta i\Delta\overline{T}) \tag{4-36}$$

$$\Delta\chi_v = {}^\alpha\chi_v(t_0 + {}^\alpha i\Delta\overline{T}) - {}^\beta\chi_v(t_0 + {}^\beta i\Delta\overline{T}) \tag{4-37}$$

4.2.3.5　任意 t 时刻喷水集管控制阀门开闭状态计算

上述算法给出了在时刻 t 的主冷区和精冷区的喷水集管阀门开启总数的设定值 U_{main} 和 U_{accu}，将该设定值 U_{main} 和 U_{accu} 转化为 t 时刻的阀门开闭状态，具

体经过所有冷却单元下带钢段号确定和喷水控制阀门开闭状态两个计算步骤完成。

(1) 所有冷却单元下带钢段号的确定

任意时刻 t，如果有

$$t_0 + (i_{in} - 1)\Delta\overline{T} < t < t_0 + i_{in}\Delta\overline{T} \quad\quad (4\text{-}38)$$

$$t_0 + (i_{out} - 1)\Delta\overline{T} + \tau^{i_{out}-1} < t < t_0 + i_{out}\Delta\overline{T} + \tau^{i_{out}} \quad\quad (4\text{-}39)$$

则代表在冷却区入口为段号为 i_{in} 的带钢，在冷却区出口位置为段号为 i_{out} 的带钢。其中 t_0 代表带钢头部进入冷却区时刻；$\Delta\overline{T}$ 为等时划分带钢的时间步长；$\tau^{i_{out}}$ 代表第 i_{out} 段带钢在冷却区内的冷却时间，具体由公式(3-37)确定。则 t 时刻，第 i_{in} 段到第 i_{out} 段的带钢在冷却区域内。

根据第 3 章的规则式(3-5)得到 t 时刻第 i_{in} 段到第 i_{out} 段的带钢在冷却区域内具体的冷却单元序号，即 $i_0, i_1, \cdots, i_R$。

(2) 任意时刻喷水集管控制阀门开闭状态确定方法

用矩阵 $\boldsymbol{M}(t)$ 代表 t 时刻各阀门开闭状态，即

$$\boldsymbol{M}(t) = \begin{bmatrix} {}_0u_{top}(t), {}_1u_{top}(t), {}_2u_{top}(t), \cdots, {}_Ru_{top}(t) \\ {}_0u_{bottom}(t), {}_1u_{bottom}(t), {}_2u_{bottom}(t), \cdots, {}_Ru_{bottom}(t) \end{bmatrix} \quad (4\text{-}40)$$

其中 ${}_ru_{top}(t)$ 和 ${}_ru_{bottom}(t)$ 代表 t 时刻辊道上下表面控制阀门开闭状态。确定方法如下：

首先利用 t 时刻冷却单元下所有冷却单元下的带钢段号计算得到的 $i_0, i_1, \cdots, i_R$，根据公式(3-2)确定第 i_r 段带钢经过冷却区时辊道上表面喷水集管控制阀门的开闭状态 ${}_0w_{top}^{i}, {}_1w_{top}^{i}, \cdots, {}_Rw_{top}^{i}$，则式(4-40)中的辊道上表面阀门开闭状态矩阵可以确定为

$$\begin{bmatrix} {}_0u_{top}(t), {}_1u_{top}(t), {}_2u_{top}(t), \cdots, {}_Ru_{top}(t) \end{bmatrix} = \begin{bmatrix} {}_0w_{top}^{i_0}, {}_1w_{top}^{i_1}, {}_2w_{top}^{i_2}, \cdots, {}_Rw_{top}^{i_R} \end{bmatrix}$$

$$(4\text{-}41)$$

同理，辊道下表面阀门开闭状态矩阵可以确定为

$$\begin{bmatrix} {}_0u_{bottom}(t), {}_1u_{bottom}(t), {}_2u_{bottom}(t), \cdots, {}_Ru_{bottom}(t) \end{bmatrix} =$$

$$\begin{bmatrix} {}_0w_{bottom}^{i_0}, {}_1w_{bottom}^{i_1}, {}_2w_{bottom}^{i_2}, \cdots, {}_Rw_{bottom}^{i_R} \end{bmatrix} \quad (4\text{-}42)$$

则 t 时刻阀门开闭状态 $\boldsymbol{M}(t)$ 为

$$\boldsymbol{M}(t) = \begin{bmatrix} {}_0w_{top}^{i_0}, {}_1w_{top}^{i_1}, {}_2w_{top}^{i_2}, \cdots, {}_Rw_{top}^{i_R} \\ {}_0w_{bottom}^{i_0}, {}_1w_{bottom}^{i_1}, {}_2w_{bottom}^{i_2}, \cdots, {}_Rw_{bottom}^{i_R} \end{bmatrix} \quad (4\text{-}43)$$

4.2.3.6 混合智能控制算法步骤

综上所述，本章结合热传导机理模型、案例推理智能技术、传统 PI 控制、选

代学习技术,提出的喷水集管控制阀门开启总数设定计算可以总结为如下公式:

$$^hU_{\text{main}}(t_0+i\Delta\overline{T})=\,^hU_0(t_\text{m})+\,^hU_\text{f}(t_0+i\Delta\overline{T})$$
$$^hU_{\text{accu}}(t_0+i\Delta\overline{T})=U_{\text{base}}+\,^hU_\text{b}(t_0+i\Delta\overline{T})$$

$$(4\text{-}44)$$

其中 $^hU_{\text{main}}(t_0+i\Delta\overline{T})$ 代表主冷却喷水集管控制阀门开启总数;$^hU_{\text{accu}}(t_0+i\Delta\overline{T})$ 为精冷区喷水集管控制阀门开启总数;$^hU_0(t_\text{m})$ 为喷水集管控制阀门开启总数预设定值,由式(4-12)给出;$^hU_\text{f}(t_0+i\Delta\overline{T})$ 代表主冷区喷水集管控制阀门开启总数预报补偿值,由式(4-23)给出;$^hN_\text{b}(t_0+i\Delta\overline{T})$ 代表在精冷区的喷水集管控制阀门开启总数批次间补偿值,由式(4-29)给出,U_{base} 为精冷区基本喷水量。具体算法步骤总结如下:

(1) 当带钢还在中间辊道尚未进入冷却区时,根据当前带钢(序号为 h)的硬度等级 $^hG(t_\text{m})$、目标卷取温度 $^hT_\text{g}^*(t_\text{m})$、终轧机出口带钢厚度预估值 $^hF_\text{d}^*(t_\text{m})$、带钢温度预估值 $^hF_\text{T}^*(t_\text{m})$、带钢头部速度预估值 $^hF_\text{v}^*(t_\text{m})$,启动喷水集管控制阀门开启总数预设定模型式(4-12),计算预设定值 $^hU_0(t_\text{m})$。

(2) 当带钢进入冷却区,以 $\Delta\overline{T}$ 为控制周期,启动喷水集管阀门开启数预报补偿模型式(4-23),计算喷水集管控制阀门开启总数预报补偿值 $^hU_\text{f}(t_0+i\Delta\overline{T})$,并与 $^hU_0(t_\text{m})$ 做和作为主冷区的阀门开启总数 $^hU_{\text{main}}(t_0+i\Delta\overline{T})$。

(3) 将当前的主冷区和精冷区喷水集管控制阀门开启总数 $^hU_{\text{main}}(t_0+i\Delta\overline{T})$、$^hU_{\text{accu}}(t_0+i\Delta\overline{T})$ 送给 t 时刻喷水集管控制阀门开闭状态计算模型,结合 t 时刻冷却单元下带钢段号计算模型,计算当前时刻喷水阀门开闭状态矩阵 $M(t)$,送给过程控制系统执行。

(4) 当带钢冷却结束后,如果实际卷取温度偏差大于工艺确定的偏差范围,即 $^he(t_\text{c}+i\Delta\overline{T})>\delta_\text{b}$ 且命中率低于 $\kappa^*\%$,则记录各操作工况条件下对应的实际卷取温度偏差,启动喷水集管控制阀门开启总数批次间补偿模型。

(5) 下一条带钢进行预设定后进入冷却区时,利用批次间补偿模型式(4-29),进行第一次带钢批次间学习补偿。

(6) 连续进行几条带钢之间的喷水集管控制阀门开启总数的带钢批次间学习补偿,直到满足性能指标式(4-27),停止带钢批次间学习,直接将带钢批次间迭代学习补偿值存入批次间补偿量数据库列表待用。

(7) 下一条带钢进入冷却区,进行预设定、预报补偿后,到批次间补偿值数据中直接查询对应批次间补偿值,与预设定值、预报补偿值做和作为新的设定值,在此基础上后送给过程控制系统计算当前时刻喷水阀门开闭状态矩阵

$M(t)$，由过程控制系统执行。

（8）下一条带钢进入，重复第（7）步骤。

4.3　小结

层流冷却过程具有强非线性、带钢温度难以连续检测、工况条件变化频繁的综合复杂工业特性，针对现有控制方法采用查询策略表格、对变化工况的适应能力差、完全依赖带钢温度模型导致的卷取温度精度不高的问题，本书将智能控制与常规控制方法相结合，以将目标卷取温度控制在目标范围内为目标，提出了由喷水集管控制阀门开启总数预设定模型、预报补偿模型、卷取温度预报模型及批次间补偿模型组成的喷水集管阀门开启总数设定方法，并将该设定值送给过程控制系统进行任意时刻的喷水控制阀门的开闭状态计算并执行，从而实现冷却水量的调整，保证卷取温度被控制在目标温度范围内，最终提高带钢质量。

第5章 实验研究

　　层流冷却系统具有强非线性、工况变化频繁、带钢温度不能连续测量等综合复杂性。由于复杂的控制算法难以直接在冷却装置上进行验证,为降低实验成本并且满足反复实验的要求,有必要设计和开发相应的实验平台[68]。

　　目前已有一些仿真系统的研究成果,文[140]以国内某大型钢厂热连轧的带钢层流冷却系统为对象研发了仿真软件包,对带钢轧后在层流冷却控制系统作用下的运行状况进行了全面仿真。此软件包具有直观、形象、使用快捷、方便的特点,为研究人员研究层流冷却控制系统的设计及产品质量的改进提供了实验的软环境。文[141]针对热轧层流冷却过程具有综合复杂特性,难以建立精确数学模型的难点,基于其智能建模方法开发了仿真软件包,讨论了仿真软件包的结构和功能。该软件包方便、实用,为热轧层流冷却过程的模型研究提供了良好的软件环境。然而,上述建模和控制研究成果通常是在 MATLAB 实验平台[20,42,31]或由 Microsoft Visual C＋＋语言开发的基于 PC 机[141,140]的算法研究,其仿真结果是在许多假设前提下得到的,没有传感器与控制器等实际工程信号交换,只能在一定程度上进行算法评价。基于网络的分布式虚拟仿真平台[32]实现了层流冷却过程模拟,但该平台是针对一个具体过程,很难实现通用控制技术的工程化研究。

　　针对上述问题,文[142]文[143]进行了层流冷却过程控制实验系统的整体功能设计和开发。本章在现有实验系统基础上,基于本书提出的层流冷却过程模型和控制方法,设计开发了虚拟对象仿真软件、喷水集管阀门开启总数设定控制软件,并将所开发的软件与现有的由设定控制计算机、过程控制系统(包括 PLC 控制系统和过程监控系统)、仪表与执行机构虚拟装置、虚拟对象计算机组成分布式仿真实验平台相集成,建立了层流冷却过程控制仿真实验系统,并在实验系统上进行了本书提出的混合智能控制方法的实验研究,与国内某大型钢厂现有控制方法相比,采用本书方法使实际卷取温度偏差被控制在 ±10 ℃的命中率从 42.9% 提高到 84.1%,均方根误差由 21.1 ℃下降为 8.21 ℃。

　　本章内容组织如下:首先在 5.1 节对现有半实物仿真系统进行了描述,然后在5.2节介绍了虚拟对象模型软件和喷水集管阀门开启总数设定控制软件的设计和开发,最后在5.3节进行了实验研究。

5.1　半实物仿真系统描述

5.1.1　总体功能与结构

（1）总体功能设计

开发层流冷却过程控制实验平台的目的,是为了对层流冷却过程动态模型和混合智能控制方法进行工程验证研究,避免直接在现场中实验的风险,同时根据实验结果来改进模型和控制算法,提高算法的安全性和可用性,节约控制算法在现场的调试时间,降低控制软件的开发成本。因此,为了提供一个控制系统从提出到论证、设计、实施和改进所需的工业验证平台,搭建的仿真实验系统应当尽可能真实地模拟现场投运情况,并能够实现以下功能:

① 实现对热轧带钢层流冷却过程的动态模拟功能

仿真实验系统应该尽可能真实地反映热轧带钢层流冷却系统的输入输出动态特性,利用动画显示、数据显示和趋势图等方式反映冷却过程中热轧带钢温度变化、参数等的动态变化,能够逼真模拟现场热轧带钢层流冷却过程的动态特性随边界条件的变化情况,能够模拟不同硬度等级、不同产品规格,在各种工况条件下带钢冷却过程的动态特性,保证仿真实验系统中的虚拟对象尽可能描述真实的层流冷却系统。

② 实现对执行机构与检测装置系统的动态模拟。利用动画显示、数据显示和趋势图等方式反映真实层流冷却系统中的厚度检测仪、温度检测仪、脉冲计数器、光电管等检测装置和喷水集管控制阀门、辊道控制马达、侧喷水集管控制阀门、顶吹气控制阀门等执行机构的输入输出的动态变化,真实地反映层流冷却系统的执行机构与检测装置的动态特性。

③ 尽量采用工业现场常用的控制系统作为仿真实验系统中的控制系统,实现工程化验证控制算法的目的,以便在仿真实验系统上验证过的算法能够方便地在工业现场实施。另外,选择工业界常用的控制系统,便于在仿真实验系统上研制出来的控制技术在工业现场推广应用。

④ 实现虚拟对象、执行机构与检测装置虚拟系统、喷水集管阀门开启总数设定控制系统的模块化设计,可以独立进行层流冷却虚拟对象、虚拟执行机构与检测装置和喷水集管阀门开启总数设定控制算法的测试和改进工作。

（2）总体结构设计

基于上述对层流冷却过程设定控制实验平台的功能需求，现有的实验平台按照如图 5-1 所示的硬件平台和软件平台相结合的平台总体架构搭建而成。

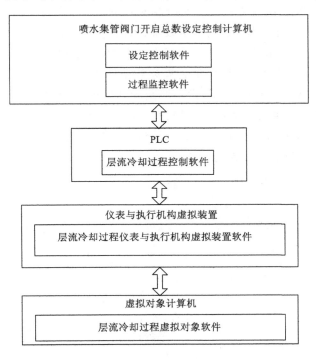

图 5-1　层流冷却控制实验系统总体架构

硬件平台由虚拟对象计算机、仪表与执行机构虚拟装置、PLC、层流冷却监控、混合智能控制计算机和网络电缆组成。软件平台由层流冷却虚拟对象软件、层流冷却仪表与执行机构虚拟装置软件、层流冷却过程控制软件和监控软件、喷水集管阀门开启总数设定控制软件组成。层流冷却虚拟对象软件运行在虚拟对象计算机上，层流冷却仪表与执行机构虚拟装置软件运行在仪表与执行机构虚拟装置（一台工控机）上，层流冷却过程控制软件运行在 PLC 上，监控软件和喷水集管阀门开启总数设定控制软件运行在设定控制计算机上。

由于实验平台中采用真实的 PLC，运行的是罗克韦尔 A-B 公司的 ControlLogix 系统，且虚拟装置与 PLC 之间通过电缆、I/O 板卡通信，以标准的 4～20 mA 工业信号传递过程数据，与现场标准工业信号一致，因此，该平台提供了一个控制系统从提出到论证、设计、实施和改进所需的半实物工业验证平台。

5.1.2 硬件平台总体结构

如图 5-2 所示,层流冷却控制实验系统的硬件平台主要由层流冷却对象计算机、层流冷却仪表与执行机构虚拟装置、PLC、喷水集管阀门开启总数设定控制计算机、网络和电缆组成。虚拟对象计算机为一台 PC 机;仪表与执行机构虚拟装置由一台工控机、数据采集装置和数据处理装置等构成;过程控制系统采用罗克韦尔 A-B 公司的 PLC;设定控制计算机由一台 PC 机组成;对象计算机与虚拟装置之间通过以太网进行通信。虚拟装置与 PLC 之间通过电缆、I/O 板卡通信,以标准的 4~20 mA 工业信号传递过程数据。PLC 与过程监控、设定控制计算机之间通过以太网连接。

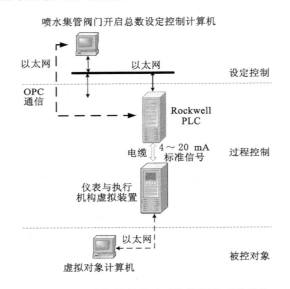

图 5-2　层流冷却控制实验系统的硬件系统结构

5.1.3 软件平台总体结构

如图 5-3 所示,层流冷却设定控制实验系统中软件平台由层流冷却虚拟对象软件、层流冷却仪表与执行机构虚拟装置软件、层流冷却过程控制软件、喷水集管阀门开启总数设定控制软件几个分布式软件组成,层流冷却虚拟对象软件运行在虚拟对象机上,层流冷却仪表与执行机构虚拟装置软件运行在一台工控机上,层流冷却过程控制软件运行在 PLC 上(其中监控软件和混合智能控制软件运行在一台 PC 机上),设定控制软件运行在喷水集管阀门开启总数设定控制计算机上。下面分别叙述。

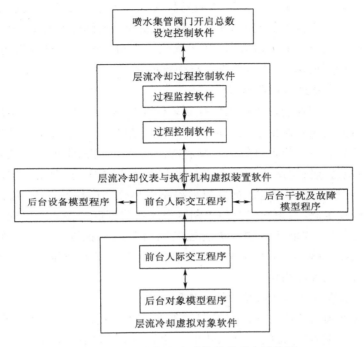

图 5-3　层流冷却实验系统软件平台结构图

（1）层流冷却虚拟对象软件

层流冷却虚拟对象软件由前台人机交互程序和后台对象模型程序组成,实现对层流冷却过程的动态仿真模拟,所需的应用软件为 RSView 32、RSLinx、MATLAB。后台对象模型程序的功能是运行虚拟被控对象模型程序,描述层流冷却系统的输入输出关系,并实现 RsView 32 中 VBA 与 MATLAB 之间的通信。虚拟对象机从虚拟装置软件读取带钢运行的状态、边界条件和过程变量等数据后,再根据这些数据求解层流冷却过程动态模型,计算带钢在冷却过程中的温度变化及冷却结束后的卷取温度,并将计算结果送给虚拟装置软件。

（2）层流冷却仪表与执行机构虚拟装置软件

层流冷却仪表与执行机构虚拟装置软件由前台人机交互程序和后台设备、干扰与故障模型程序组成,实现对层流冷却系统的仪表与执行机构以及现场各种干扰和故障的模拟,所需的应用软件有 RSView 32、RSLinx、MATLAB。前台的人机交互平台的功能是对带钢的运行状况、通信状况、用户权限和软件维护等进行管理,根据要求修改虚拟对象的边界条件,并根据后台设备模型程序计算的数据,动态显示设备的运行状态和过程数据,同时可以以趋势图的形式显示数据。后台设备模型程序的功能是从人机交互平台读取仪表和执行机构的控制信号和带钢温度、带钢厚度、带钢运行速度等实际过程数据,再根据用户选择的执行机构、检测仪表的故障和干扰噪声模型求解执行机构的响应信号、过程变量的检测值,计算之后再将数据送给前台人机交互平台显示。

（3）层流冷却过程控制软件

层流冷却过程控制软件由回路控制软件和过程监控软件组成,实现对层冷过程的回路控制及系统的监控。回路控制软件根据设定控制软件送来的喷水集管阀门开启总数设定值计算喷水集管阀门的开闭状态,实现喷水控制阀门的控制、控制辊道运行速度的马达速度控制、侧喷水控制阀门、顶吹气控制阀门的开闭控制;监控软件的功能是对冷却过程喷水集管阀门控制状态、马达速度控制状态及侧喷水阀门、顶吹气阀门控制状态及卷取温度的控制效果进行直观显示,进而根据控制效果调整喷水集管控制阀门开启总数以及控制器的各个参数,并利用 RSView 32 强大的数据处理功能,实现对层流冷却过程中各类数据的采集、记录、统计和归档。

（4）喷水集管阀门开启总数设定控制软件

喷水集管阀门开启总数设定控制软件基于本书提出的混合智能控制方法实现对喷水集管控制阀门开启总数的设定计算,所需的应用软件为 RSView 32、RSLinx、RSLogix、C♯、Access。层流冷却混合智能控制软件平台的功能是采用本书设计的混合智能控制算法,得到层流冷却过程喷水集管控制阀门开启总数的设定值,下装到 PLC 中执行。

5.2 虚拟对象模型软件和设定控制软件设计与开发

基于本书提出的层流冷却过程模型和控制方法,设计开发了虚拟对象仿真软件和喷水集管阀门开启总数设定控制软件,并将所开发的软件与现有的由设定控制计算机、过程控制系统、仪表与执行机构虚拟装置、虚拟对象计算机组成分布式仿真实验平台相集成,建立了层流冷却过程控制仿真实验系统。

5.2.1 虚拟对象模型软件设计与开发

（1）虚拟对象软件设计

虚拟对象仿真平台主要完成层流冷却过程的对象模型仿真,由后台 MAT-

LAB 语言编制的模型程序和基于美国罗克韦尔公司监控组态软件 RSView 32 的前台应用程序组成。通过友好的人机交互界面可以方便地修改层流冷却过程模型结构参数,可以查看各种规格带钢的冷却特性、边界条件(硬度等级、厚度、带钢温度、运行速度等)的变化。虚拟对象机接收来自虚拟装置中的虚拟执行机构的 160 个阀门阵列(其中 8 个虚拟阀位)和来自虚拟仪表检测的实时工况数据进行后台 MATLAB 对象模型的带钢温度计算,并将冷却过程带钢温度变化实时显示在前台界面上。

　　层流冷却虚拟对象实验平台的结构如图 5-4 所示,由前台人机交互程序和后台对象模型程序以及它们之间的通信构成。

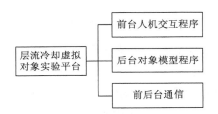

图 5-4　层流冷却虚拟对象实验平台结构图

　　前台人机交互程序的功能是由 RSView 32 来完成的。由于 RSView 32 是罗克韦尔公司开发的以 Microsoft Windows NT 或 Windows 95 为平台的 MMI(人机接口)软件包,还集成微软的 VBA 作为内建的程序设计语言,因此,选择 RSView 32 来组态用户界面,可以通过使用 OPC 或 DDE 的通信方式与其他公司的设备进行连接;后台对象模型程序的功能是由 MATLAB 来完成的。

　　虚拟对象软件平台的前台人机交互程序与后台对象模型程序之间的通信如图 5-5 所示。RSView 32 通过 VBA 程序调用 ActiveX 控件的方式调用 MATLAB 程序,RSView 32 和 MATLAB 的数据通信采用 DDE 的通信方式。

　　虚拟对象仿真平台可以独立进行层流冷却过程模型仿真实验。通过前台导入建模数据和工况数据,在后台建立层流冷却过程模型,再通过前台的带钢温度曲线显示以验证模型有效性,因此虚拟仿真对象需要具有层流冷却对象模型库、工况数据库和模型参数数据库。工况数据库为建立对象模型提供必要的数据,模型参数数据库存储了不同规格条件下建立的对象模型参数。其中现有的对象模型库提供了三种模型:某大型钢厂现有模型[14]、文[65]考虑厚度方向温度梯度的过程模型及本书的层流冷却动态过程模型。用户可以在前台界面导入不同的数据进行建模,选择切换不同对象模型进行仿真实验比较。用户也

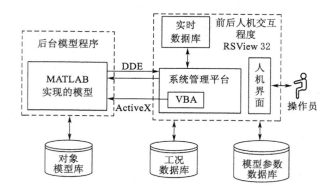

图 5-5　虚拟对象仿真平台界面与后台通信原理图

可以自定义对象模型,嵌入到后台 MATLAB 程序,扩充对象模型库。

（2）虚拟对象软件开发

按照上述虚拟对象结构设计,人机界面和后台之间的通信具体实现流程如图 5-6 所示。当按下人机交互界面上的"开始"按钮后,将激活后台基于 MAT-LAB 的对象模型程序,在后台运行 start01.m 函数,初始化模型参数,并定义模型计算的定时器,调用函数 call01.m,通过人机界面选择的模型类型具体调用相应的对象模型,根据人机界面选择的本地或远程控制选择控制量的输入方式,调用模型程序 gun.m,读取人机界面上的数据进行模型初值和边界条件的定义。当人机界面按下"暂停"、"继续"、"结束"按钮时,激活后台相应的 pause01.m、goon01.m、stop01.m 三个函数进行相应动作。

后台虚拟对象模型程序的实现流程图如图 5-7 所示。首先定义第 i 段带钢进入冷却区的时刻为 $t_0+i\Delta\overline{T}$,对象模型的差分时间步长为 $\Delta\tau$,经过冷却单元喷水集管阀门开启状态计算得到每段带钢经过冷却区时喷水控制阀门的开启状态,再根据第 i 段带钢任意时刻所处冷却单元位置计算判断在该时刻所处冷却区位置,通过阀门开闭状态确定在该冷却单元下发生的换热方式,如果是空冷则选择空冷换热模型进行计算带钢温度变化,如果是水冷则选择水冷换热模型计算带钢温度变化,如果是上水冷下空冷则选择上水冷下空冷换热模型带钢温度变化,依次增加时间差分步长 $\Delta\tau$,直到达到卷取时刻 $t_0+i\Delta\overline{T}+\tau^i$,将该时刻的带钢上表面温度作为卷取温度输出,模型计算结束。

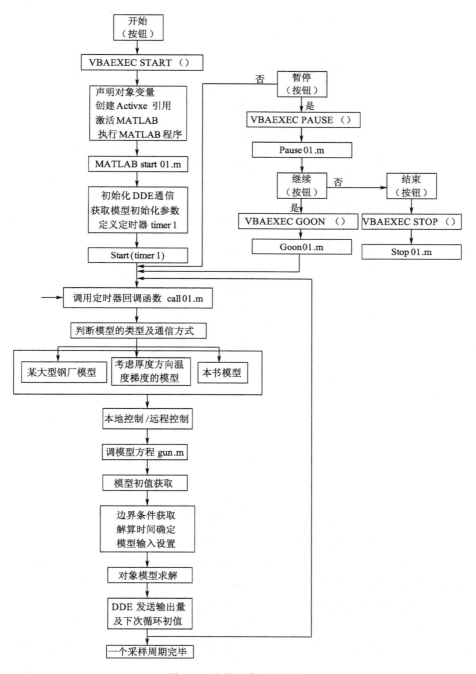

图 5-6 虚拟对象实现流程

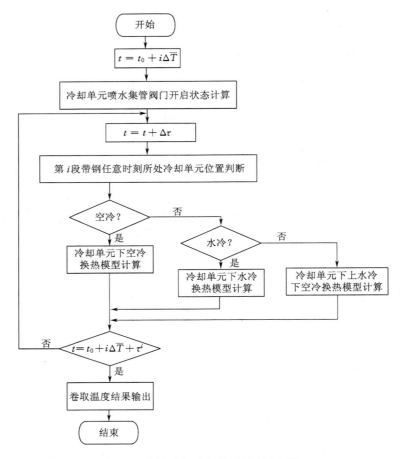

图 5-7　虚拟对象后台模型程序流程图

虚拟对象模型软件开发后的界面如下：

（1）虚拟对象仿真平台的工况条件设置界面

图 5-8 为开发的虚拟对象仿真平台的工况条件设置界面，主要用来显示设备参数、工况条件参数。设备参数包括冷却区总长度、主冷和精冷区长度、阀门间距、终轧机与冷却区入口位置之间的距离；工况条件参数包括带钢计划号、终轧机出口带钢温度（终轧温度）、运行速度（终轧速度）、带钢厚度的预估值（终轧厚度）、带钢长度及冷却区入口位置实测温度和实测运行速度，其中冷却区入口位置实测温度和实测运行速度由虚拟仪表读取，并用趋势图形象直观地显示其波动情况。

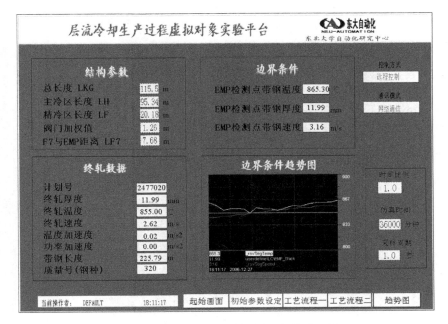

图 5-8　虚拟对象仿真平台的工况条件设置界面

（2）层流冷却工艺流程画面

图 5-9 为层流冷却工艺流程画面,该页面中主要显示层流冷却过程喷水控制阀门的开闭状态、带钢在冷却区的运行过程中带钢颜色的变化、带钢位置的变化。在冷却区入口位置、出口位置及冷却区中间两个虚拟仪表位置实时显示带钢的上表面,并能根据从 PLC 读取的喷水控制阀门的开闭状态进行动画显示。在信息显示区域实时显示段号（本机读取）、目标卷取温度（本机读取）、从 PLC 读取的相应主冷区和精冷区内的喷水集管阀门开启总数的设定值、上下阀门开启位置和喷水模式。在该画面中可以进行模型选择,用户可以选择不同的模型进行实验研究。另外可以通过“开始”、“暂停”、“继续”、“停止”四个按钮来控制模型的运行和停止。

（3）带钢温度趋势图画面

图 5-10 和图 5-11 为层流冷却虚拟对象实验平台中带钢温度趋势图画面,其中图 5-10 显示的是对象模型计算的冷却区出口位置的卷取温度值和目标卷取温度值,同时显示具体控制精度和命中率。图 5-11 中可以通过选择带钢段号,查看该段在冷却区内冷却过程中的整个温度变化过程。

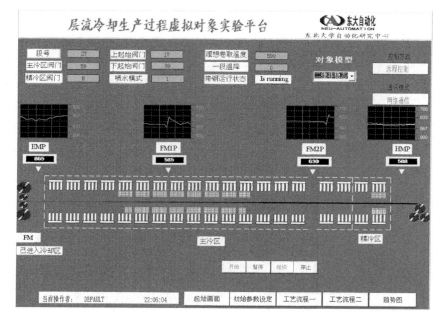

图 5-9　虚拟对象实验平台的工艺流程画面

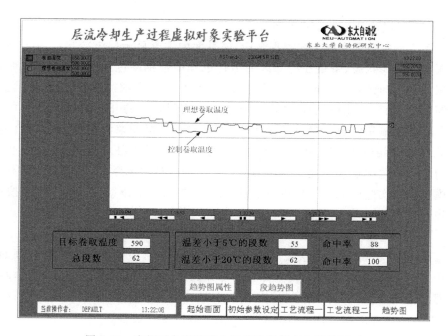

图 5-10　虚拟对象实验平台的卷取温度变化趋势画面

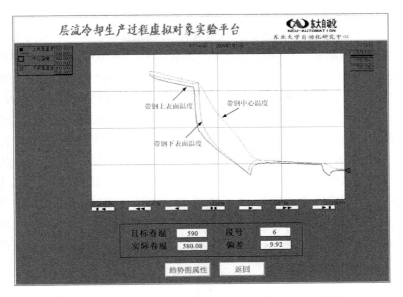

图 5-11　虚拟对象实验平台的冷却区内带钢温度变化趋势画面

5.2.2　设定软件设计与开发

（1）喷水集管阀门开启总数设定控制软件设计

层流冷却系统的喷水集管阀门开启总数设定控制计算是根据目标卷取温度值计算喷水集管阀门开启总数设定值，从而实现与生产质量、消耗、效益、成本相关的工艺指标的控制。喷水集管阀门开启总数设定控制软件以本书提出的层流冷却过程混合智能控制方法为基础，进行预设定模型、带钢卷取温度预报模型、预报补偿模型和批次间补偿模型各模块设计[145,144]，由一台计算机实现。喷水集管阀门开启总数设定控制程序运行在 Microsoft Windows 平台上，采用完全面向对象的 C♯ 语言编程实现，采用模块化编程方式，提供了丰富的 API 接口，支持 C、C＋＋、C♯、Java 语言的二次开发。

层流冷却过程喷水集管阀门开启总数设定控制软件需要与过程监控软件实时传递喷水集管阀门开启总数的设定值，并实时读取虚拟装置的冷却区入口位置的带钢实测温度和运行速度，读取虚拟对象计算机的终轧机出口位置带钢温度、头部运行速度、带钢厚度的预估值，这些数据传递通过 OPC 通信技术实现。

如图 5-12 所示,喷水集管阀门开启总数设定控制软件提供了独立测试和集成测试两种功能,各个功能模块都有相应的模型库,用户可以采用不同的模型算法进行单独测试,独立测试通过后,再放入整个系统中进行集成测试。独立测试是在混合智能控制计算机上单独运行,而集成测试中连接所有分布软件进行实验。进行集成测试时,用户首先从四种不同控制结构中选择一种,四种结构分别为:① 采用预设定一个功能模块的控制方法;② 采用预设定、卷取温度预报模型、预报补偿三个功能模块的控制方法;③ 采用预设定、卷取温度预报模型、批次间补偿三个功能模块的控制方法;④ 采用预设定、卷取温度预报模型、预报补偿、批次间补偿功能模块的控制方法。选择完控制结构后,为各个控制模块配置相应的算法模型,最后集成其他软件,在整个实验系统中上进行算法验证。因此,利用喷水集管阀门开启总数设定控制软件,用户不仅可以选择不同的控制结构,而且可以为每个模块配置不同算法。由于完全采用面向对

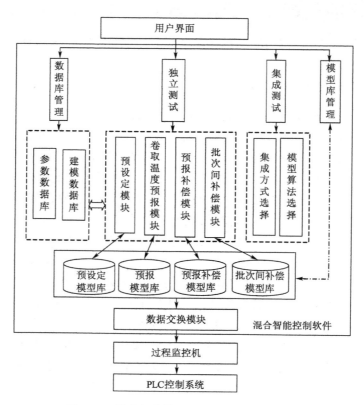

图 5-12　混合智能控制实验平台功能结构图

象的模块化编程方式,用户可以选择模型库中已有的算法模块,也可以自定义算法进行仿真验证。

(2) 喷水集管阀门开启总数设定控制软件开发

喷水集管阀门开启总数设定控制软件以本书提出的混合智能控制方法为基础,这里以选择预设定、卷取温度预报模型、预报补偿、批次间补偿功能模块完整的控制结构为例,具体实现流程如图 5-13 所示,其中 h 代表带钢序号。用

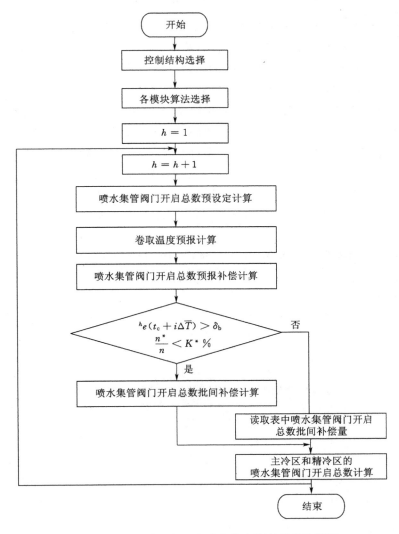

图 5-13　喷水集管阀门开启总数设定控制程序流程图

户首先选择结合预设定、卷取温度预报模型、预报补偿、批次间补偿功能模块相结合的控制方法,各模块算法采用本文提出的具体算法,算法配置完毕之后可以进行喷水集管阀门开启总数设定控制计算。首先根据终轧机出口位置的预估值进行喷水集管阀门开启总数的预设定计算,再根据虚拟装置传送过来的在冷却区入口位置实测带钢温度和运行速度利用卷取温度预报计算进行喷水集管阀门开启总数的预测补偿计算,判断带钢的实测卷取温度是否超出允许范围且命中率低于一定值,如果是则进行喷水集管阀门开启总数的批间补偿计算,否则直接读取已经计算好的批间补偿值,最后结合预设定值和预报补偿值,整理出主冷区和精冷区的喷水集管阀门开启总数,下装到 PLC 执行。

喷水集管阀门开启总数设定控制软件开发后的一些界面如下。

(1) 卷取温度预报模型的初始界面

图 5-14 为卷取温度预报模型的初始界面,由带钢信息显示区、建模数据导入区、建模方法选择区三部分组成。带钢信息显示区显示所要研究带钢的主要信息,包括带钢计划号、硬度等级、边界条件等;建模数据导入区的作用是从数据库导入并显示建模数据,可以使用户直观地看到建模数据;建模方法选择区的作用是让用户在相应的模型库里选择具体的算法进行测试,这一功能体现了喷水集管阀门开启总数设定控制软件的开放性与可扩展性,用户可以对不同的算法进行比较研究。

　　　　图 5-14　卷取温度预报建模的初始界面

（2）喷水集管阀门开启总数设定控制结构框图

图 5-15 为进行集成测试时喷水集管阀门开启总数设定控制结构框图界面，界面上主要实时显示三类数据，第一类是从本机即时读取的数据，包括喷水集管控制阀门开启总数预设定值、卷取温度预报值、喷水集管控制阀门开启总数预报补偿值和批次间补偿值、上下起始阀门开启位置、喷水模式；第二类数据是从虚拟对象机上以 OPC 方式读取并送给喷水集管阀门开启总数设定控制算法进行控制运算的数据，包括目标卷取温度、终轧机出口带钢温度、厚度、速度预估值及五段加速运行的加速度、第二个加速运行后的速度、最高速度、抛钢速度；第三类数据是从虚拟装置上以 OPC 方式读取并送给喷水集管阀门开启总数设定控制算法进行控制运算的数据，包括冷却区入口位置实测带钢温度、运行速度和冷却区出口位置的卷取温度。

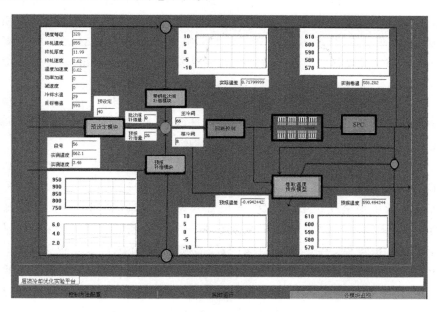

图 5-15　集成测试中的混合智能控制框图

5.3　实验研究

本章进行实验研究时，被控对象由第 3 章提出的热轧带钢层流冷却动态过程模型实现，并在 5.2.1 节中介绍的虚拟对象计算机上运行；具体的控制方法采用本书提出的层流冷却过程混合控制方法，其中喷水集管阀门开启总数设定控制方法运行在设定控制计算机上,喷水控制阀门开闭状态模型算法运行在 PLC 上,采用的控制系统为罗克韦尔公司的 ControlLogix 系统。由于实验是基于真实的 PLC,在实验系统上验证的控制算法易于现场实施。

5.3.1 层流冷却过程控制仿真实验方案设计

5.3.1.1 层流冷却设备参数

我们以某国内大型钢厂为研究背景,该钢厂主要生产低碳钢,硬度等级范围为 500 个,层流冷却系统主要处理的带钢厚度范围是 1.1~30 mm。该钢厂实际设备如图 5-16 所示,冷却区的入口点到出口位置之间的距离为 115.52 m,终轧机与冷却区前检测点之间的距离为 7.68 m,冷却区前的检测点与第一个喷水阀之间的距离为 4.62 m,冷却区内最后一个喷水集管距离卷取机前的检测点为 10.10 m,卷取机前的检测点与卷取机之间的距离为 36.95 m,上部喷水机构相邻集管之间的距离为 1.26 m,下部喷水机构相邻集管之间的距离为 0.43 m。整个冷却区长度为 115.52 m,主冷区长度为 95.34 m,精冷区长度为 20.18 m。

冷却区入口位置和卷取机前有两个远红外测温仪,以 1 s 的采样周期进行带钢温度的检测。终轧机架上安装了脉冲计数器,将带钢速度转换为脉冲数,以 1 s 的周期计算带钢在终轧位置的运行速度。

辊道上下对称地设置了 19 个喷水架。上部喷水机构共有 76 根 $\phi245$ mm$\times$20 mm 集管,每根集管上有 $\phi22$ mm$\times$2 mm 的鹅颈管 46 根,从鹅颈管中流出的低压水呈柱状层流。这 76 根管分为主冷却区和精冷区。主冷却区中有 68 根集管,17 个喷水架,每个集管由一个阀门控制,计 68 个控制阀门。精冷区有 8 根集管,共 8 个控制阀门;下部喷水机构共有 228 根 $\phi89$ mm$\times$6 mm 的集管,每根集管上安装轴长为 25 mm 的喷嘴,从喷嘴中喷出的低压水呈扇形,喷出的高度约为 450 mm。这 228 根集管与上部喷水集管对应地分为主冷区和精冷区。主冷区中有 204 根集管,每 3 根集管由一个阀门控制,共 68 个控制阀门,精冷区有 24 根集管,每 3 根由一个阀门控制,共 8 个控制阀门。其他主要工艺参数见表 5-1。

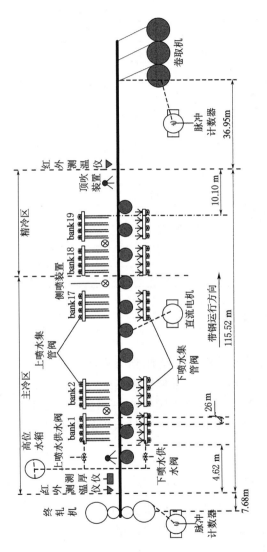

图 5-16 某钢厂层流冷却设备图

表 5-1 主要工艺参数

名称	单位	数量
装置尺寸	mm	2 050×115 520
处理带钢尺寸	mm	1.1～(1.1～28)×(1 550～2 050)×(16 600～1 300 000)
带卷最大重量	t	24
上喷集管入口水压	MPa	0.001～0.004
下喷集管入口水压	MPa	0.004～0.005
侧喷水嘴数	个	20
压缩空气压力	MPa	0.4～0.6
每个吹嘴喷气量	m³/min	3.3
总侧喷水量	m³/h	200(每个 10)
侧吹水压	MPa	2
冷却水温度	℃	≤40
终轧机出口带钢温度预估值	℃	900～850
卷取温度	℃	650～550
环境温度	℃	25
辊间距,辊直径	mm	400～450 φ300

5.3.1.2 实验软硬件配置

（1）被控对象

实验中用到的被控对象由第 3 章建立的热轧带钢层流冷却动态过程模型（3-100）至式（3-106）实现,运行在虚拟对象机上,由一台 PC 机实现。后台采用 MATLAB 语言编制模型程序,由美国罗克韦尔公司的监控组态软件 RSView 32 的前台应用程序具体显示带钢在冷却过程中的温度变化和冷却结束后的卷取温度。

（2）控制方法

本书提出的热轧带钢层流冷却过程混合智能控制方法中喷水集管阀门开启总数设定算法运行在设定控制计算机上,由一台 PC 机实现,采用完全面向对象的 C♯语言编程实现,以 1 s 的周期设定带钢对应的喷水集管控制阀门开启总数,并装到 PLC 上。

（3）过程控制系统

本书提出的热轧带钢层流冷却过程混合智能控制方法中的喷水控制阀门开闭状态计算模型算法运行在层流冷却过程的过程控制系统中,实现喷水集管阀门开闭控制、顶吹气阀门控制、侧喷水阀门控制以及辊道速度回路控制,前三个的执行机构均为气动薄膜阀,属于开关控制,硬件由罗克韦尔公司的 PLC 实现,软件由该公司的 RSLogix 5000 软件开发。过程监控系统由前台采用 RS-View 32 显示,后台由 MATLAB 语言实现各种控制性能指标的计算及卷取温度偏差的统计运算等。

（4）虚拟装置

虚拟装置包括检测仪表和执行机构,检测仪表包括冷却区入口处的远红外高温检测仪、X 射线的厚度检测仪、安装在终轧机架上的脉冲检测仪以及出口处的远红外高温检测仪,执行机构主要包括冷却区控制 19 组喷水阀的 152 个气动阀门、安装在每个喷水架后面控制高压侧喷水嘴的气动阀门、安装在检测点控制顶吹气的气动阀以及控制运行辊道速度的直流电机。虚拟装置采用研华 Industry Computer 610 工控机实现,配置研华的 PCLD-785 I/O 输出板两块,PCLD-880 通用螺丝终端板卡三块,实现对输入输出数据的采集和输出。具体虚拟装置的模型由 MATLAB 语言编制,并通过前台 Rsview 32 编制的界面显示具体检测和执行数据。

为了尽量真实模拟实际运行过程,实验中给出的边界条件来自国内某大型钢厂实际运行数据,包括终轧机出口预估的数据、冷却区入口位置实际检测数据随时间波动。各种数据在各分布式软件中的传递过程尽量与现场一致,具体如下。

① 终轧机出口数据

一条待冷却带钢进入中间辊道（未进入冷却区）时,由虚拟对象计算机读出预估的和实际的硬度等级、终轧机出口带钢厚度、带钢头部速度值、带钢温度 F_T 及事先给定的五个运行阶段加速度 $a_1 \sim a_5$,速度 a_2 加速后应该达到的速度 v_{afw}、最高速度 v_{max}、抛钢速度 v_{throw}。

② 冷却区入口位置实测数据

当带钢进入冷却区时,由虚拟检测仪表以 1 s 的检测周期执行并给出某钢厂实际检测到带钢在冷却区入口位置的温度和运行速度,通过远程的 OPC 方式送给虚拟对象计算机和设定控制计算机。

③ 冷却结束后的卷取温度

冷却结束后,由虚拟温度检测仪表以 1 s 周期采集虚拟对象机运行出来的卷取温度值,同时以远程的 OPC 方式送给设定控制计算机。

④ 仿真实验过程数据

虚拟执行机构接收来自 PLC 的控制信号,包括控制喷水集管的气动阀门的开闭状态、侧喷水气动阀门的开闭状态、顶吹气气动阀的开闭状态以及直流电机的转速,再将执行结果送给虚拟对象机。虚拟执行机构与 PLC 之间的数据通过 I/O 板卡,以 4~20 mA 的标准工业信号传输。

设定控制计算机以 1 s 的周期与过程监控机通过网络以 OPC 方式进行喷水阀门开启总数的设定值、上下起始阀门开启位置 N_{top}、N_{bottom}、喷水模式 π 的传递,再由过程监控机将该设定值送给 PLC,同时还要采集 PLC 给出的执行信号(控制喷水集管的气动阀门开闭状态、侧喷水气动阀门的开闭状态、顶吹气气动阀的开闭状态以及直流电机的转速)实时实现并监控,过程监控机与 PLC 之间通过罗克韦尔内部软件 RSLinx 进行交互。

5.3.1.3 实验方案

为了充分验证本书提出的层流冷却过程混合智能控制方法的有效性,在层流冷却控制半实物仿真实验系统中进行两种实验:不加入批次间的学习补偿的控制实验、加入批次间学习补偿的控制实验。这些实验用于验证层流冷却过程混合智能控制方法的有效性和可行性,同时也验证仿真实验系统的有效性。具体实验方案设计如下。

(1)同一条带钢的控制方法实验

同一条带钢的控制方法包括喷水集管控制阀门开启总数预设定模型、卷取温度预报模型、喷水集管控制阀门开启总数预报补偿模型。这个实验主要是为了验证在没有加入带钢批次之间的迭代学习时,验证预报补偿模型消除预报卷取温度偏差的能力。

(2)加入带钢之间学习补偿的控制实验

加入带钢之间学习补偿的控制实验的目的是通过加入带钢之间的迭代学习补偿方法后,查看不同条带钢的学习效果。这个实验是为了验证在卷取温度预报模型有模型偏差时,带钢批次间学习补偿算法补偿卷取温度预报模型偏差和不可测干扰的能力。

5.3.2 仿真实验

本实验中设定的层流冷却过程控制目标为:

$$-20 \leqslant T_{\text{c}}^{i} - 590 \leqslant 20 \qquad (5\text{-}1)$$

$$\frac{I^{*}}{I} > 0.85 \qquad (5\text{-}2)$$

即目标卷取温度是 590 ℃,允许温度偏差是 ±20 ℃,卷取温度需要被控制在 570~610 ℃之间,且命中率不低于 85%。

5.3.2.1　同一条带钢(批次内)控制方法实验

进行该实验时,在被控对象模型输出端加入幅值为 ±3 ℃的阶跃干扰模拟真实系统的未知干扰。

对于同一条带钢来说,如果没有带钢之间的迭代学习控制,本书提出的控制方法和现有的控制方法区别在于层流冷却动态过程模型的精度。

(1) 数据描述

实验中我们选择一条硬度等级为 320 的带钢(计划号 2477023)进行实验,该带钢总长度为 223.43 m,在冷却区入口位置被等时分段共 63 段,环境温度为 29 ℃,冷却水温为 29 ℃,目标卷取温度 T_g^* 为 590 ℃,终轧机出口厚度预估值 F_d 为 11.99 mm,温度预估值 F_T 为 860 ℃,带钢头部运行速度预估值 F_v 为 2.62 m/s,五个运行阶段的加速度 $a_1 \sim a_5$ 分别为 0.02 m/s²、2.7 m/s²、0.02 m/s²、0、0,第二个加速阶段结束后应该达到的速度 v_{aft} 是 2.7 m/s,最高运行速度 v_{max} 为 4.04 m/s,冷却区入口位置实测带钢温度在 860.4~880.5 ℃之间波动,冷却区入口位置实测带钢运行速度在 2.76~3.69m/s 之间波动。

(2) 控制模型参数确定

① 冷却区入口位置等时分段的时间步长 $\Delta \overline{T} = 1$ s。

② 喷水集管控制阀门开启总数给定周期 $\Delta \overline{T} = 1$ s。

③ 喷水集管控制阀门开启总数预报补偿模型参数确定:预报补偿模型性能指标公式(4-20)中参数 $w_1 = 0.6$,$w_2 = 0.4$,$J_{fh} = 6.5$,$\delta_f = 5$ ℃,即要求预报卷取温度被控范围为 -5 ℃$< {}^h e_f(t_c + i\Delta \overline{T}) < 5$ ℃,且性能指标需要低于 6.5。利用卷取温度预报模型离线采用网格搜索技术,得到符合上述具体指标的初始案例库,见表 5-2,共 89 条初始案例,其中案例特征描述为实测温度 χ_T 和实测速度 χ_v,案例解特征为预报补偿器的 PI 参数 K_{fp}、K_{fi}。图 5-17 所示为得到的预报补偿模型 PI 参数,可以看出,随着冷却区入口位置的工况条件的波动预报补偿器能够自动调整 PI 参数 K_{fp}、K_{fi}。

表 5-2　　　　　　　　预报补偿模型中参数 PI 的初始案例库

案例序号	案例检索特征		案例解	
	χ_T	χ_v	K_{fp}	K_{fi}
1	864.4	2.99	0.11	0.026
2	877.1	3.61	0.2	0.044
3	862.9	3.42	0.18	0.036

案例序号	案例检索特征		案例解	
	χ_T	χ_v	K_{fp}	K_{fi}
4	868.8	3.23	0.23	0.05
5	876.0	2.89	0.3	0.061
...	...	...	...	...
86	873.8	2.79	0.28	0.033
87	860.6	3.13	0.19	0.041
88	869.4	2.96	0.24	0.046
89	872.3	3.4	0.12	0.022

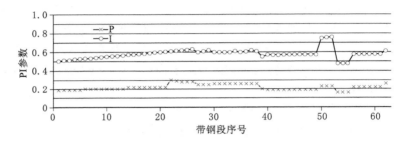

图 5-17 基于 CBR 方法推理得到的预报补偿模型 PI 系数

（3）实验结果及分析

① 上下起始打开阀门位置 N_{top}、N_{bottom} 及喷水模式 π 的确定

针对该条带钢的硬度等级 G、终轧机出口厚度 F_d 等条件确定上下起始阀门开启位置分别为 $N_{top}=17$ 和 $N_{bottom}=99$，喷水模式需要采用密集喷水即 $\pi=1111$。

② 主冷区喷水阀门开启总数设定值 $U_{main}(t_0+i\Delta\overline{T})$ 的给定结果及卷取温度控制精度：本实验中将进行本书方法与国内某大型钢厂现有的控制方法、文（谭明皓，2005）提出的基于 CBR 智能技术的控制方法的比较。由于控制周期与等时分段的时间步长均为 1 s，因此在第 i 个控制周期给定的主冷区喷水阀门开启总数设定值 $U_{main}(t_0+i\Delta\overline{T})$ 恰好对应第 i 段带钢，用 U_{main}^i 表示。卷取温度的检测周期也为 1 s，因此第 i 个检测周期实测值 $T_c(t_c+i\Delta\overline{T})$ 即为第 i 段带钢卷取温度实测值，用 T_c^i 表示。表 5-3 给出了三种控制方法计算的喷水阀门开启总数 U_{main}^i 的结果。

表 5-3   三种控制方法对比

段序号	U^i_{main}/个			T^i_c/℃			$T^*_g - T^i_c$/℃		
	本书方法	某钢厂现有方法	文(谭明皓,2005)方法	本书方法	某钢厂现有方法	文(谭明皓,2005)方法	本书方法	某钢厂现有方法	文(谭明皓,2005)方法
0	57	62	52	609.6	592.3	627.543	−19.6	−2.3	−37.5
1	57	62	54	607.9	591.8	621.671 9	−17.9	−1.8	−31.6
2	62	62	56	601	604	627.576 5	−11	−14	−37.5
3	61	62	56	600.6	598.1	619.253 9	−10.6	−8.1	−29.2
4	61	62	57	600.7	598.8	618.536 5	−10.7	−8.8	−28.5
5	60	62	55	600.6	594.6	621.170 9	−10.6	−4.6	−31.1
6	60	62	56	600.1	593.1	616.931 2	−10.1	−3.1	−26.9
7	58	62	54	600.1	589.1	619.902 8	−10.1	0.9	−29.9
8	51	62	52	604.1	566.1	603.957 1	−14.1	23.9	−13.9
9	54	62	55	599	573.6	599.468 4	−9	16.4	−9.4
10	54	62	56	598.9	573.5	596.816 9	−8.9	16.5	−6.8
11	53	62	57	599.8	569.6	588.872	−9.8	20.4	1.1
12	52	62	58	599.2	566.1	583.583 5	−9.2	23.9	6.4
13	60	62	58	581.4	575.1	589.392 1	8.6	14.9	0.6
14	59	62	59	580.8	571.8	582.556 6	9.2	18.2	7.4
15	60	63	61	581.7	572	582.355 6	8.3	18	7.6
16	61	63	61	581.7	575.1	582.896 1	8.3	14.9	7.1
17	62	63	62	580.8	580.1	586.099 9	9.2	9.9	3.9
18	63	64	63	584	581.6	587.740 1	6	8.4	2.2
19	63	64	64	582.3	580.3	583.408 4	7.7	9.7	6.6
...	...	...	...	...	...	...	...	...	...
59	82	73	87	586.4	620	573.261 4	3.6	−30	16.7
60	82	73	87	582.7	617.6	570.478 3	7.3	−27.6	19.5
61	79	71	86	581.7	610.6	560.182	8.3	−20.6	29.8
62	81	71	86	580.9	617.3	567.922 7	9.1	−27.3	22.0
63	78	70	85	579	610	560.504 1	11	−20	29.4

图 5-18 所示为三种控制方法给定的喷水集管控制阀门开启总数 U^i_{main} 的变化曲线,从图中可以看出,三种方法都具有随带钢入口位置的实测带钢温度和

速度的变化而自动调整主冷区喷水阀门开启总数设定值 U_{main}^i 的能力。图 5-20 为将三种方法给定的主冷区喷水阀门开启总数设定值 U_{main}^i 送给虚拟对象计算机仿真计算得到的卷取温度值 T_c^i 的比较曲线,图 5-18 为三种方法计算的实际卷取温度偏差 $(T_g^* - T_c^i)$,其中目标卷取温度为 T_g^* 590 ℃。

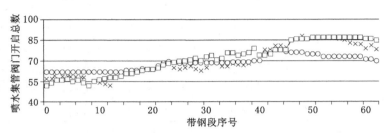

—×— 文书控制方法; —○— 国内某大型钢厂现有控制方法; —□— 文 [34] 的控制方法。

图 5-18　喷水集管控制阀门开启总数 U_{main}^i 的变化曲线

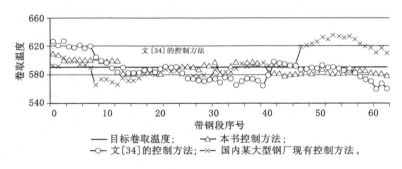

——目标卷取温度;　—△— 本书控制方法;
—○— 文[34]的控制方法;—×— 国内某大型钢厂现有控制方法。

图 5-19　卷取温度值 T_c^i 比较曲线

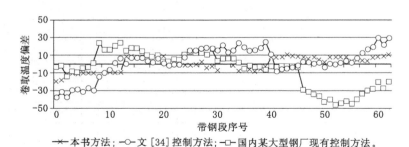

—×— 本书方法; —○— 文 [34] 控制方法; —□— 国内某大型钢厂现有控制方法。

图 5-20　卷取温度控制偏差比较曲线

③ 结果分析

三种控制方法得到的卷取温度控制精度和命中率结果见表 5-4。该条带钢在冷却区入口位置带钢被以 $\Delta \overline{T} = 1$ s 等时分段划分为 63 段,基于国内某大型钢厂的控制策略卷取温度温度控制偏差中最大绝对误差为 46.1 ℃,均方根误差为 21.14 ℃。卷取温度控制偏差在 10 ℃ 以内的有 27 段,命中率为 42.9%;在 20 ℃ 以内的有 43 段,命中率为 68.3%;在 30 ℃ 以内的有 43 段,命中率为 85.71%。采用文[44]的基于 CBR 的方法卷取温度温度控制偏差中最大绝对误差为 37.5 ℃,均方根误差为 16.4 ℃。卷取温度控制偏差在 10 ℃ 以内的有 32 段,命中率为 50.8%;在 20 ℃ 以内的有 49 段,命中率为 77.8%;在 30 ℃ 以内的有 59 段,命中率为 93.7%。采用本书混合控制方法后,卷取温度温度控制偏差中最大绝对误差为 19.6 ℃,均方根误差为 8.21 ℃,卷取温度控制偏差在 10 ℃ 以内的有 53 段,命中率为 84.1%,所有段的卷取温度偏差均被控制在 20 ℃ 以内。

表 5-4　　　　　　　　　卷取温度控制精度及命中率控制结果

方法	总段数	$MAXE$ /℃	$RMSE$ /℃	误差在±10 ℃内的段数及命中率	误差在±20 ℃内的段数及命中率	误差在±30 ℃内的段数及命中率
本书方法		19.6	8.21	53,84.1%	63,100%	63,100%
某钢厂控制方法	63	46.1	21.14	27,42.9%	43,68.3%	54,85.71%
文(谭明皓,2005)的控制方法		37.5	16.4	32,50.8%	49,77.8%	59,93.7%

国内某大型钢厂的卷取温度控制精度较差的主要原因在于其控制策略本质是基于冷却过程带钢温度模型计算的控制水量,而采用的带钢温度模型实质上都是基于带钢温度的指数经验模型,其温度输出实际是厚度方向上平均温度。本条带钢为 11.14 mm 的中厚带钢,厚度方向上的温度梯度不能忽略,必然难以提高卷取温度的控制精度。文[44]由于考虑了工况的变化,采用案例推理技术,随着工况条件的变化而不断调整喷水集管控制阀门开启总数,所以在一定程度上提高了卷取温度的控制精度和命中率,其推理逻辑本质上依赖带钢卷取温度模型的精度,文中采用的模型是经过厚度方向上分层处理的带钢温度模型,提高了卷取温度计算的精度。本书采用的混合控制策略用传统 PI 算法以预报卷取温度偏差为调整参数补偿可测干扰,而卷取温度预报偏差由卷取温度预报模型计算,该模型除了在带钢厚度方向上进行分层处理之外,还利用非线性参数估计方法对整条带钢的参数及段参数进行了参数估计,提高了卷取温度预报模型的精度。综上所述,本书方法之所以比国内某大型钢厂控制方法及

文[44]的控制效果好,其本质原因在于卷取温度预报模型精度比国内某大型钢厂带钢卷取温度模型和文[44]使用的模型精度高。

5.3.2.2 带钢批次间补偿控制方法实验

上一个实验是基于同一条带钢未加入批次间补偿的实验。本实验通过选择几条工况条件相近的带钢进行批次间补偿控制方法的实验。通过查看每条带钢卷取温度的控制精度验证批次间学习补偿算法是否具有补偿卷取温度预报模型偏差和未知偏差的能力。

（1）实验数据

由于中厚带钢是控制的难点,因此,本书选择带钢终轧厚度为 11.99 mm 的中厚带钢进行实验。连续运行的 5 条带钢其硬度等级 G 为 320,目标卷取温度 T_g^* 均为 590 ℃,属于同一规格带钢,带钢工况条件相近,具备带钢批次间迭代学习的条件。具体数据见表 5-5,连续运行的 5 条带钢分别被分成 49 段、58 段、61 段、59 段、50 段。冷却区入口位置的初始带钢温度变化范围是 826.6～891.5 ℃,速度变化范围为 2.6～3.92 m/s。

表 5-5　　　　　用于批次间补偿模型实验的五条带钢仿真数据

带钢序号 h	段号	T_g^* /℃	F_T /℃	F_d /mm	F_v /(m/s)	a_1	a_2	a_3	v_{aft}	v_{max}	χ_T^i /℃	χ_v^i /(m/s)
1	0	590	848	11.99	2.48	0.02	0	0	2.55	3.69	84.8.1	2.6
	1										826.8	2.63
	…										…	…
	49										835.5	3.25
2	0	590	869	11.99	2.93	0.02	0	0	3.01	4.28	868.5	3.06
	1										871.6	3.07
	…										…	…
	58										880.6	3.89
3	0	590	855	11.99	2.62	0.02	0	0	2.7	4.05	854.6	2.74
	1										845.8	2.77
	…										…	…
	61										854.1	3.58

带钢序号 h	段号	T_g^* /℃	F_T /℃	F_d /mm	F_v /(m/s)	a_1	a_2	a_3	v_{aft}	v_{max}	χ_T^i /℃	χ_v^i /(m/s)
4	0	590	851	11.99	2.62	0.02	0	0	2.7	4.08	851.4	2.76
	1										826.6	2.78
	…										…	…
	59										859.1	3.92
5	0	590	857	11.99	2.62	0.02	0	0	2.7	4.04	856.8	2.72
	1										847.8	2.73
	…										…	…
	50										856.8	3.72

（2）批次间补偿模型参数确定

批次间补偿模型性能指标公式（4-26）中参数 $\zeta_1 = 0.3$，$\zeta_2 = 0.7$，$J_{bh} = 10$，$\delta_b = 10$ ℃，$\kappa^*\% = 85\%$。利用第 3 章建立的层流冷却动态过程模型，并离线采用网格寻优搜索技术，得到符合上述具体指标的表 5-6 中的迭代学习器的 PI 参数初始案例库数据，共得到 135 条案例，案例检索特征为硬度等级 G、终轧机出口带钢厚度预估值 F_d、冷却区入口实测带钢温度 χ_T、实测带钢速度 χ_v，案例解特征为迭代学习器的 PI 参数 K_{bp}、K_{bi}。

表 5-6　　　　　　　批次间补偿模型 PI 参数案例库

案例序号	案例检索特征				案例解	
	G	F_d	χ_T	χ_v	K_{bp}	K_{bi}
1	341	11.14	848.1	2.6	0.28	0.05
2	513	10.38	830.6	2.83	0.1	0.015
4	441	11.18	850.6	2.66	0.28	0.05
5	130	9.81	846	3.2	0.25	0.045
6	220	8.7	837	2.98	0.15	0.025
…	…	…	…	…	…	…
133	218	8.7	847.6	3.19	0.28	0.05
134	317	11.77	828.6	2.78	0.1	0.015
135	218	9.5	831.3	2.87	0.1	0.015

（3）实验结果及分析

为了充分验证带钢批次间迭代学习的作用,当第一条带钢进入辊道时,在被控对象输出端加入±10 ℃的阶跃干扰,模拟实际系统的未知干扰,从而考查卷取温度预报模型的自学习能力和带钢批次间迭代学习补偿能力。

第一条带钢($h=1$)进入中间轨道尚未进入冷却区时,通过上下起始阀门开启位置计算得到${}^1N_{\text{top}}(t_{\text{m}})=10,{}^1N_{\text{bottom}}(t_{\text{m}})=92$,喷水模式${}^1\pi=1111$。预设定模型确定的喷水阀门开启总数预设定值${}^1N_0(t_{\text{m}})=33$。

经过卷取温度预报模型结合预报补偿控制后,得到冷却结束后的卷取温度控制效果如图 5-21 所示,由于卷取温度预报模型本身的模型偏差,被控制在±10 ℃以内只有 15 段,出现$|{}^1e_{\text{b}}(t_{\text{c}}+i\Delta\overline{T})|>20$ 且命中率低于 85% 的情况,因此需要启动批次间补偿模型对下一条带钢开始进行迭代学习。

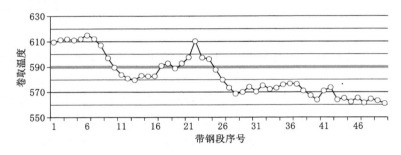

图 5-21　第一条带钢冷却卷取温度控制效果

第二条带钢进入冷却区,通过上下起始阀门开启位置计算得到${}^2N_{\text{top}}(t_{\text{m}})=10,{}^2N_{\text{bottom}}(t_{\text{m}})=92$,喷水模式${}^2\pi=1111$。预设定模型确定的喷水阀门开启总数的预设定值${}^2U_0(t_{\text{m}})=40$。如图 5-22 所示,经过迭代学习器批次间补偿后,其部分控制点的控制精度得到提高。特别是中间段的控制点与前一条带钢运行工况有更多相似,得到了很好的学习,其中间段的命中率得到提高。

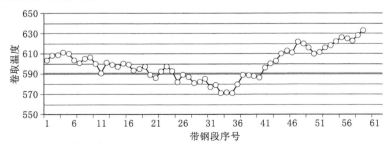

图 5-22　第二条带钢卷取温度控制效果

当序号为 3,4,5 的带钢依次进入冷却区,通过上下起始阀门开启位置计算得到 $^3N_{top}(t_m)=\,^4N_{top}(t_m)=\,^5N_{top}(t_m)=17$, $^3N_{bottom}(t_m)=\,^4N_{bottom}(t_m)=\,^5N_{bottom}(t_m)=99$,喷水模式 $^3\pi(t_m)=\,^4\pi(t_m)=\,^5\pi(t_m)=1111$。预设定模型确定的喷水阀门开启总数的预设定值 $^3U_0(t_m)=36$, $^4U_0(t_m)=35$, $^5U_0(t_m)=36$ 个阀。经过 PI 迭代学习,带钢的控制效果如图 5-23 至图 5-25 所示。实际上,对于一个线性过程,一般经过两次迭代学习就能达到很好的效果(徐敏,林辉,et al.,2007),但是由于层流冷却过程是一个非线性的且边界条件频繁变化的过程,初始状态具有偏差,采用变 PI 参数的迭代学习方式,本实验需要经过 5 条带钢将带钢的卷取温度控制在 ±20 ℃ 以内。

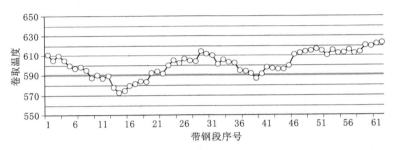

图 5-23　第三条带钢卷取温度控制效果

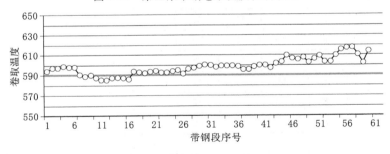

图 5-24　第四条带钢卷取温度控制效果

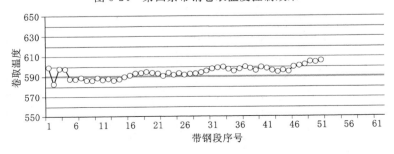

图 5-25　第五条带钢卷取温度控制效果

对应 5 条带钢的主冷区和精冷区的喷水集管阀门开启总数设定值见表 5-7,由于带钢批次间补偿作用,使带钢在精冷区的喷水集管阀门开启总数在基本量(8 个阀门)基础上得到调整。

表 5-7　　带钢批次间学习后的几条带钢的喷水集管阀门开启总数

带钢段号	第一条		第二条		第三条		第四条		第五条	
	$^1U_{main}$	$^1U_{accu}$	$^2U_{main}$	$^2U_{accu}$	$^3U_{main}$	$^3U_{accu}$	$^4U_{main}$	$^4U_{accu}$	$^5U_{main}$	$^5U_{accu}$
0	25	8	34	8	28	8	27	8	28	8
1	25	8	32	9	32	6	27	9	29	8
2	25	8	32	9	28	8	29	8	30	8
3	25	8	30	10	32	6	31	8	34	6
4	25	8	30	10	34	5	33	6	37	6
5	24	8	35	7	37	3	34	5	39	4
6	25	8	36	7	36	4	35	6	37	6
7	26	8	33	9	37	4	39	3	37	6
8	29	8	28	13	38	5	34	7	35	8
9	31	8	30	13	34	8	35	7	37	6
10	33	8	34	12	34	9	35	8	35	8
11	34	8	27	16	31	11	36	7	36	7
12	34	8	29	15	39	7	34	8	35	8
13	33	8	30	14	42	5	32	10	33	10
14	33	8	28	15	42	5	36	6	36	6
15	33	8	30	14	38	7	38	4	37	5
16	31	8	34	11	40	5	34	6	34	7
17	30	8	35	10	39	5	34	6	38	3
18	32	8	31	13	37	7	33	8	36	5
19	30	8	39	8	35	7	34	6	35	6
20	29	8	42	6	34	7	34	6	35	6
21	25	8	42	4	40	2	36	4	38	4
22	29	8	34	10	30	9	32	8	33	8
23	29	8	36	9	28	10	29	11	32	10
24	32	8	41	8	27	12	27	13	31	10
25	34	8	35	12	26	11	31	10	32	10

表 5-7(续)

带钢段号	第一条		第二条		第三条		第四条		第五条	
	$^1U_{main}$	$^1U_{accu}$	$^2U_{main}$	$^2U_{accu}$	$^3U_{main}$	$^3U_{accu}$	$^4U_{main}$	$^4U_{accu}$	$^5U_{main}$	$^5U_{accu}$
26	36	8	33	14	28	11	28	11	29	12
27	38	8	35	14	29	11	28	11	31	10
28	37	8	36	13	23	12	26	13	28	13
29	36	8	35	13	25	11	26	12	29	12
30	37	8	38	12	23	13	27	11	29	11
31	36	8	39	11	28	11	28	11	29	11
32	37	8	42	10	25	13	25	13	26	13
33	36	8	43	9	25	13	27	12	28	12
34	36	8	43	9	25	13	26	12	31	10
35	35	8	40	10	28	13	28	11	29	11
36	35	8	34	13	28	13	29	11	29	10
37	37	8	32	15	28	14	29	11	29	11
38	38	8	35	12	29	14	28	11	30	10
39	39	8	36	11	29	13	26	12	26	13
40	37	8	32	13	28	12	26	12	28	12
41	36	8	31	11	29	11	28	11	30	10
42	39	8	30	12	29	12	28	10	31	10
43	39	8	29	11	31	12	27	10	31	9
44	40	8	26	13	28	11	24	11	33	8
45	39	8	28	12	24	12	25	11	31	8
46	40	8	28	9	21	14	25	12	26	13
47	39	8	27	10	22	13	27	9	30	9
48	39	8	26	12	22	13	27	10	28	10
49	40	8	25	15	21	13	25	11	27	11
50			34	8	24	11	25	10	24	13
51			32	9	24	12	26	11		
52			32	9	25	10	28	9		
53			30	10	26	8	27	8		
54			30	10	27	8	25	9		

表 5-7(续)

带钢段号	第一条		第二条		第三条		第四条		第五条	
	$^1U_{main}$	$^1U_{accu}$	$^2U_{main}$	$^2U_{accu}$	$^3U_{main}$	$^3U_{accu}$	$^4U_{main}$	$^4U_{accu}$	$^5U_{main}$	$^5U_{accu}$
55			35	7	26	8	24	9		
56			36	7	27	9	24	9		
57			33	9	27	8	27	8		
58			33	8	25	8	30	8		
59					24	9	24	10		
60					25	8				
61					24	8				

将上述调整后的喷水集管阀门开启总数送给虚拟对象计算机后,得到卷取温度的控制结果见表 5-8,第二条带钢卷取温度偏差被控制在 20 ℃内的命中率为 67.8%,第三条带钢卷取温度偏差被控制在 20 ℃内的命中率为72.58%,第四条带钢卷取温度偏差在 20 ℃内的命中率为 88.3%,第五条带钢所有控制点的卷取温度偏差均控制在 20 ℃内。而带钢卷取温度偏差在 10 ℃和 5 ℃内的控制点也逐渐增多,命中率也得到提高。

表 5-8   加入带钢批次间学习后的几条带钢卷取温度控制效果

带钢序号	总段数	RMSE	在 5 ℃内的段数及命中率	在 10 ℃内的段数及命中率	在 20 ℃内的段数及命中率
1	50	17.816	6,12%	15,30%	31,62%
2	59	18.121	12,20.3%	25,42.37%	40,67.8%
3	62	16.685	18,29.03%	35,56.45%	45,72.58%
4	60	11.507	22,36.67%	42,70%	53,88.3%
5	51	6.868	25,49.02%	45,88.24%	51,100%

5.4 小结

本章在现有的分布式的半实物层流冷却实验系统基础上,进行了虚拟对象仿真软件和设定控制软件的设计和开发。由于仪表与执行机构虚拟装置子平台与 PLC 之间的信号交互与现场标准工业信号一致,实验平台能够从工程化角度验证模型和控制算法,提高模型和控制算法的可实现性。在上述实验系统上,对本书提出的热轧带钢层流冷却过程混合智能控制方法进行了工程化验证。实验结果表明,随着工况条件的变化,本书提出的混合智能控制方法能自动调整喷水集管阀门开启总数设定量,使过程控制系统执行新的设定值,最终使卷取温度被控制在目标范围内。实验一方面可以验证热轧带钢层流冷却过程混合智能控制方法的有效性,同时也可以验证层流冷却过程控制的半实物仿真实验系统的有效性和通用性。

第6章 结论与展望

层流冷却工艺是现代钢铁工业中通过轧后强制水冷来改善带钢的组织性能，提高带钢质量和产量的过程。冷却过程传热机理复杂、水冷换热系数、热导率等具有随工况条件的变化而非线性变化的特性，难以建立精确的层流冷却过程模型。因受冷却过程中高温水汽的影响，冷却区中难以逐点对运行状态的热轧带钢温度进行连续检测，且冷却水量与带钢卷取温度之间的关系具有复杂的非线性特性，难以设计有效的控制策略将卷取温度控制在目标温度范围。本书的研究工作正是在这一背景下开展的，具体内容概述如下：

（1）针对现有的层流冷却模型只描述了在单个冷却单元下的冷却动态过程，不能用来计算冷却结束后的卷取温度这一问题，本书提出了冷却单元阀门开闭状态模型和第 i 段带钢所处冷却单元位置计算模型，结合现有的水冷和空冷模型组成层流冷却过程动态模型，用来计算带钢卷取温度。

（2）针对现有的水冷换热系数和热导率的选择忽略了变化工况对关键参数的影响，导致现有层流冷却模型精度较低的问题，本书进行了根据变化的带钢工况条件的确定水冷换热系数模型、热导率模型中关键参数方法的研究，并利用国内某大型钢铁公司实际运行数据进行了实验研究，实验结果表明，采用本书方法改进水冷换热系数模型和热导率之后计算的卷取温度精度得到了提高。

（3）针对现有的基于表格查询和带钢温度模型的控制方法受限于表格的规模和带钢温度模型精度，不能适应变化频繁的工况条件，导致卷取温度控制精度较低的问题，本书以将卷取温度控制在目标范围内为目标，提出了由喷水集管控制阀门开启总数的预设定模型、卷取温度预报模型、预报补偿模型、带钢批次间补偿模型组成的喷水集管控制阀门开启总数设定方法和任意 t 时刻喷水控制阀门开启状态计算方法。

（4）基于本文提出的层流冷却过程模型和控制方法，设计开发了虚拟对象仿真软件和设定控制软件，并将开发的软件与现有的由设定控制计算机、过程控制系统（包括 PLC 控制系统和过程监控系统）、仪表与执行机构虚拟装置、虚拟对象计算机组成的分布式仿真实验平台相集成,建立了层流冷却过程控制仿真实验系统,并在该实验系统上进行了本书提出的层流冷却过程动态模型及混合智能控制方法的实验研究,实验结果表明本书提出的方法与国内某大型钢厂现有控制方法相比,卷取温度控制偏差和命中率均得到提高。

对于过程复杂的热轧带钢层流过程,本书对智能控制方法做了一些方法探索,但层流冷却过程仍存在众多亟待解决的问题,主要集中在以下方面。

（1）热轧层流冷却过程的建模研究。由于不能在线连续检测冷却过程带钢温度,难以验证在冷却过程中模型计算的带钢温度变化的正确性,对层流冷却过程的模型还需要进行进一步深入的研究。

（2）热轧层流冷却过程控制的研究。目前对层流冷却过程控制逐渐由单一的卷取温度目标控制转向冷却速率、冷却路径甚至面向带钢组织性能的控制,针对工艺指标要求的提高,需要对冷却过程控制的方法做进一步研究。

（3）针对实际热轧带钢生产过程产生的大量生产数据、生产实例及专家领域知识,数据提取规则将是进一步研究的方向。

（4）结合实际层流冷却生产过程,开展所提出的层流冷却过程的建模与控制方法的工程应用研究,验证所提出的层流冷却过程建模与控制方法的有效性,并在实际工业应用中进一步探索和开发更有效而实用的层流冷却过程模型和控制技术。

参 考 文 献

[1] SIMON P,FISHBACH J P,RICHE P. Ultra-fast cooling on the run-out table of the hot strip mill[J]. Revue de Metallurgie,Cahiers d'Informations Techniques,1996,93(3):409-415.

[2] 陈健就,贺达伦. 现代化宽厚板厂控制轧制和控制冷却技术[J]. 宝钢技术,1999,(2):10-17.

[3] 小指军夫. 控制轧制控制冷却—改善材质的轧制技术的发展[M]. 李伏桃,陈岿,译. 北京:冶金工业出版社,2002.

[4] 王有铭 李 韦. 钢材的控制轧制和控制冷却[M]. 北京:冶金工业出版社,1995.

[5] 王占学. 控制轧制与控制冷却[M]. 北京:冶金工业出版社,1988.

[6] UETZ G,WOELK G,BISCHOPS T. Influencing the formation of the steel structure by suitable temperature control in the Run-out sections of hot-strip Mills[J]. Steel Research,1991,62(5):216-222.

[7] 吴孝娟. 热轧带钢控制冷却技术概况[J]. 鞍钢技术,1992(9):1-6.

[8] 冯光纯. 控轧控冷技术的现状与发展[J]. 轧钢,2000,17(3):44-47.

[9] 高丽霞,冯玉平,赵杰锋. 板带材生产中的控制冷却技术[J]. 安阳师范学院学报,2000(4):26-27.

[10] 钱演江. 建明传热手册[M]. 北京:高等教育出版社,1983.

[11] P M AUMAN,D K GRIFFITHS,D R HILL. Hot strip mill run-out table temperature control[J]. Iron and Steel Engineer,1967,44(9):174-179.

[12] VAN DITZHUIJZEN G. The controlled cooling of hot rolled strip:a combination of physical modeling,control problems and practical adaption[J]. IEEE Transactions on Automatic Control,1993,38(7):1060-1065.

[13] LEITHOLF M D,DAHM J R. Model Reference Control of ROT Cooling

at LTV:proceedings of the AISE . Year Book:model,1989.

[14] 吴毅平.宝钢热轧层流冷却卷取温度控制的改进[J].冶金自动化,1997,
21(1):15-17.

[15] HOLLANDER F. Design and control for advanced run-out table process-
ing[J]. Iron and Steel Engineer,1971,48(3):81-91.

[16] IWAMOTO M,YAMAMTOTO M,IKENOUE I,et al. Process control
computer system of Fukuyama No. 2 Hot Strip Mill[J]. Nippon Kokan
Technical Report Overseas,1986,(46):137-146.

[17] YAHIRO K,YAMASAKI J,FURUKAWA M,et al. Development of
Coiling Temperature Control System on Hot Strip Mill[J]. Kawasaki
Steel Technical Report,1991,24(4):32-39.

[18] XIE H B,JIANG Z Y,LIU X H,et al. Prediction of coiling temperature
on Run-out table of hot strip mill using data mining[J]. Journal of Mate-
rials Processing Technology,2006,177(1/2/3):121-125.

[19] CHAI T Y,WANG X B. Application of RBF neural networks in control
system of the slab accelerating cooling process[J]. Acta Automatica Sini-
ca,2000,26(2):219-225.

[20] 柴天佑,王笑波.RBF 神经网络在加速冷却控制系统中的应用[J].自动化
学报,2000,26(2):

[21] Xie H B,Jiang Z Y,Liu X H. Prediction of coiling temperature on run-
out table of hot strip mill using data mining[J]. Journal of Materials
Processing Technology,2006,177(1/2/3):121-125.

[22] GROCH A G,GUBEMAT R,BIRSTERN E R. Automatic control of
laminar flow cooling in continuous and reversing hot strip mills[J]. Iron
and Steel Engineer,1990,67(9):16-20.

[23] W J Lawrence,A F MacAlister,P J Reeve. On line modeling and control
of strip cooling[J]. Ironmaking and Steelmaking,1996,23(2):74-78.

[24] UETZ G,WOELK G,BISCHOPS T. Influencing the control system on
hot strip mill [J]. steel reserch,1991,62(5):216-222.

[25] LI P,LIU G J,ZHANG Y C. Coiling temperature control of hot steel
strip using combined feedforward, feedback and adaptive algorithms
[C]//proceedings of the Proceeding of the 2005 IEEE conference on
control applications,Torronto,Canada,August 2005.

[26] LATZEL S. Advanced Automation concept of ROT strip Cooling for Hot Strip and Plate Mills[J]. IEEE Transactions on Industry Applications,2001,37(4):1088-1097.

[27] SAMARAS N S,SIMAAN M A. Water-cooled end-point boundary temperature control of hot strip via dynamic programming[J]. IEEE Transactions on Industry Applications,1998,34(6):1335-1341.

[28] 谭明皓,柴天佑. 基于案例推理的层流冷却过程建模[J]. 控制理论与应用,2005,22(2):248-253.

[29] GUO R M. Modeling and simulation of Run-out table cooling control using feedforward-feedback and element tracking system[J]. IEEE Transactions on Industry Applications,1997,33(2):304-311.

[30] SERAJZADEH S. Modelling of temperature history and phase transformations during cooling of steel[J]. Journal of Materials Processing Technology,2004,146(3):311-317.

[31] CHAI T Y,TAN M H,CHEN X Y. Intelligent Optimization Control for Laminar Cooling:proceedings of the Proceeding of the 15th IFAC World Congress,Barcelona,Spain,2002[C].

[32] KUMAR P K,SINHA S K,LAHIRI A K. Modeling of the cooling process on the ROT of a hot strip mill-a parallel approach[J]. IEEE Transactions on Industry Applications,1997,33(3):807-814.

[33] 郑会平. 热轧带钢层流冷却过程的建模与仿真研究[D]. 沈阳:东北大学,2008.

[34] 谭明皓. 基于案例推理的热轧层流冷却过程建模与控制研究[D]. 沈阳:东北大学,2005.

[35] SKEIRIK R. Expert systems for closed-loop process control:proceedings of the Instrumentation in the Chemical and Petroleum Industries,1990[C].

[36] TAKATSU H,ITOH T,ARAKI M. Future needs for the control theory in industries-report and topics of the control technology survey in Japanese industry[J]. Journal of Process Control,1998,8(5/6):369-374.

[37] KUMAR R K,SINHA S K,LAHIRI A K. An online parallel controller for the runout table of hot strip Mills[J]. IEEE Transactions on Control Systems Technology,2001,9(6):821-830.

［38］ ENGELL S. Feedback control for optimal process operation［J］. Journal of Process Control,2007,17(3):203-219.

［39］ KUMAR R K,SINHA S K. Real Time Simulator for the Runout Table of Hot Strip Mills［C］//proceedings of the in Proc 31st Annu Meet, IEEE Ind Applicat Soc,1996.

［40］ SAMARAS N S,SIMAAN M A. Optimized trajectory tracking control of multistage dynamic metal-cooling processes［J］. IEEE Transactions on Industry Applications,2001,37(3):920-927.

［41］ 单旭沂. 宝钢 2050mm 热轧层流冷却控制系统改造开发［C］//proceedings of the 中国科技年会,杭州,1999.

［42］ LI H X,GUAN S P. Hybrid intelligent control strategy. Supervising a DCS-controlled batch process［J］. IEEE Control Systems Magazine, 2001,21(3):36-48.

［43］ 关守平. 一类复杂工业过程的混合式实时专家控制系统及其在中厚钢板加速冷却过程中的应用研究[D]. 沈阳:东北大学,1995.

［44］ 谭明皓,柴天佑. 层流冷却过程喷水系统的智能设定方法［J］. 控制与决策,2005,20(3):299-302.

［45］ FRIEDRICH M,PERNE R. Design and control of batch reactors:-An industrial viewpoint-［J］. Computers & Chemical Engineering,1995,19: 357-368.

［46］ MUKHOPADHYAY A,SIKDAR S. Implementation of an on-line Runout table model in a hot strip mill［J］. Journal of Materials Processing Technology,2005,169(2):164-172.

［47］ SAMARAS N S,SIMAAN M A. Water-cooled end-point boundary temperature control of hot strip via dynamic programming［J］. IEEE Transactions on Industry Applications,1998,34(6):1335-1341.

［48］ SUGENO M,KANG G T. Structure identification of fuzzy model［J］. Fuzzy Sets and Systems,1988,28(1):15-33.

［49］ NAHAS E P,HENSON M A,SEBORG D E. Nonlinear internal model control strategy for neural network models［J］. Computers & Chemical Engineering,1992,16(12):1039-1057.

［50］ KRISTINSSON K,DUMONT G A. System identification and control using genetic algorithms［J］. IEEE Transactions on Systems, Man, and

Cybernetics,1992,22(5):1033-1046.

[51] THOMAS G. A Combined Feedforward-Feedback Computer System for Hot Strip Mill[J]. CRM Metall Rep(52),1978:17-23.

[52] BOUCHET J L, EICHENBAUM-VOLINE C. Case-based reasoning techniques applied to operation experience feedback in nuclear power plants[J]. Advances in Case-Based Reasoning,1996,1168:497-511.

[53] GUAN S P,LI H X,TSO S K. Multivariable fuzzy supervisory control for the laminar cooling process of hot rolled slab[J]. IEEE Trans on control technology,2001,9(2):348-356.

[54] 彭良贵. 热轧带钢层流冷却策略研究极其应用[D]. 沈阳:东北大学,2007.

[55] WOLF D H,INCROPERA F P,VISKANTA R. Jet impingement boiling [J]. Advances in Heat Transfer,1993,23:1-132.

[56] GUO R M,HWANG S T. Investigation of strip cooling behavior in the run-out section of hot strip mill[J]. J Mater Processing Manufacturing Sci,1996,4(4):339-351.

[57] ISHIGAI S,NAKANISHI S,OCHI T. Boiling heat transfer for a plane water jet impinging on a hot surface[C]//Proceeding of International Heat Transfer Conference 6. August 7-11,1978. Toronto,Canada. Connecticut:Begellhouse,1978.

[58] ZUMBRUNNEN D A,INCROPERA F P, VISKANTA R. Convective heat transfer distributions on a plate cooled by planar water jets[J]. Journal of Heat Transfer,1989,111(4):889-896. .

[59] CHEN S J,BISWAS S K,HAN F,et al. Modeling and analysis of controlled cooling for hot moving metal plates[C]//proceedings of Amer Society of Mechanical,1990.

[60] FILIPOVIC J. Thermal behaver of a moving steel strip cooled by an array of planner water jets[C]//proceedings of the ASME Heat Transfer in Metals and Containerless Processing and Manufacturing Conf. ,1991.

[61] KASAMATSU K. Improvement of Coiling Temperature Control System of Hot Strip Mill[J]. CAMP-ISIJ,1994,7:427-430.

[62] KOHRING F. Waterwall water-cooling systems[J]. Iron Steel Eng. , 1985,62(6):30-36.

[63] 德根库伯. 轧后直接加速冷却钢板设备的进展:带钢轧制科学和技术[C]:

第四届国际轧钢会议论文集,1990..

[64] 王笑波,王仲初,柴天佑.中厚板轧后控制冷却技术的发展及现状[J].轧钢,2000,17(3):44-47.

[65] 王笑波,王继相.板带层流冷却控制技术的发展和问题[J].基础自动化,2000,7(5):1-5.

[66] Moffat R, Moore M, Robinson M, et al. Computer control of hot strip coiling temperature with variable flow laminar spray[J]. Iron and Steel Engineer,1985,62(11):21-28.

[67] 韩斌.热轧带钢层流冷却过程的建模与控制研究[D].沈阳:东北大学,2005.

[68] KELLNER M I,MADACHY R J,RAFFO D M. Software process simulation modeling:Why? What? How? [J]. Journal of Systems and Software,1999,46(2/3):91-105.

[69] VAN DITZHUIJZEN G. The controlled cooling of hot rolled strip:a combination of physical modeling,control problems and practical adaption[J]. IEEE Transactions on Automatic Control, 1993, 38 (7): 1060-1065.

[70] BISWAS S K,CHEN S J,SATYANARAYANA A. Optimal temperature tracking for accelerated cooling processes in hot rolling of steel[J]. Dynamics and Control,1997,7(4):327-340.

[71] 郭永铭.热轧机中创新的冷却系统[J].上海钢研,2005(3):27-30.

[72] 杨节.轧制过程数学模型:2版(修订本)[M].北京:冶金工业出版社,1993.

[73] 孙一康.带钢热连轧的模型与控制[M].北京:冶金工业出版社,2002.

[74] ISSA R. Numerical Modeling of the Dynamics and Heat Transfer of Impacting Sprays for a Wide Range of Pressures[D]. Pittsburgh :University of Pittsburgh,2003.

[75] ISHIDA R,MIZUTA A,KORIDA K,et al. Basic characteristics of pipe nozzle cooling with retaining water on plate[J]. ISIJ International,1989,29(4):339-344.

[76] LEE P,CHOI H,LEE S. The effect of nozzle height on cooling heat transfer from a hot steel plate by an impinging liquid jet[J]. ISIJ International,2004,44(4):704-709.

[77] 王昭东,袁国,王国栋,等.热带钢超快速冷却条件下的对流换热系数研究[J].钢铁,2006,41(7):54-56.

[78] 韦光,董希满,王进民.水幕冷却高温钢板对流换热系数的研究[J].钢铁,1994,29(1):22-26.

[79] OTOMO A,YASUNAGA S,ISHIDA R. Cooling characteristics of steel sheet by water film in hot strip mill[J]. Tetsu-to-Hagane,1987,73(8):996-1003.

[80] MIYAKE Y,NISHIDE T,MORIYA S. Device and system for controlled cooling for hot strip mill[J]. Transactions of the Iron and Steel Institute of Japan,1980,20(7):496-503.

[81] 杨世铭,陶文铨.传热学[M].3版.北京:高等教育出版社,1998.

[82] 刘庄.热处理过程的数值模拟[M].北京:科学出版社,1996.

[83] ZUMBRUNNEN D A. Method and apparatus for measuring heat transfer distributions on moving and stationary plates cooled by a planar liquid jet [J]. Experimental Thermal and Fluid Science, 1990, 3 (2):202-213.

[84] HERMAN J C. Impact of new rolling and cooling technologies on thermomechanically processed steels[J]. Ironmaking & Steelmaking,2001,28(2):159-163.

[85] EVANS J F,ROEBUCK L D,WATKINS H R. Numerical modeling of hot strip mill runout table cooling[J]. Iron and Steel Engineer,1993:50-55.

[86] 孔祥谦.有限单元法在传热学中的应用[M].3版.北京:科学出版社,1998.

[87] 张学学,李桂馥.热工基础[M].北京:高等教育出版社,2000.

[88] HAFTKA R T,ADELMAN H M. Recent developments in structural sensitivity analysis[J]. Structural Optimization,1989,1(3):137-151.

[89] VARAH J M. A spline least squares method for numerical parameter estimation in differential equations[J]. SIAM Journal on Scientific and Statistical Computing,1982,3(1):28-46.

[90] LUKŠAN L. Hybrid methods for large sparse nonlinear least squares [J]. Journal of Optimization Theory and Applications, 1996, 89 (3):575-595.

[91] TJOA I B,BIEGLER L T. Simultaneous solution and optimization strategies for parameter estimation of differential-algebraic equation systems [J]. Industrial & Engineering Chemistry Research, 1991, 30 (2): 376-385.

[92] BADEN N,VILLADSEN J. A family of collocation based methods for parameter estimation in differential equations[J]. The Chemical Engineering Journal,1982,23(1):1-13.

[93] GREFENSTETTE J J. Optimization of control parameters for genetic algorithms[J]. IEEE Transactions on Systems, Man, and Cybernetics, 1986,16(1):122-128.

[94] HARTMAN E J,KEELER J D,KOWALSKI J M. Layered neural networks with Gaussian hidden units as universal approximations[J]. Neural Computation,1990,2(2):210-215.

[95] OLSSON E,FUNK P,XIONG N. Fault diagnosis in industry using sensor readings and case-based reasoning[J]. Journal of Intelligent & Fuzzy Systems,2004,15(1):41-46.

[96] STÉPHANE N,MARC L L J. Case-based reasoning for chemical engineering design[J]. Chemical Engineering Research and Design,2008,86 (6):648-658.

[97] OLICASTRO C A,CARVALHO A C P L F,DELBEM A C B.. A hybrid case based reasoning approach for monitoring water quality[J]. Innovations in Applied Artificial Intelligence,2004,3029:492-501.

[98] KRASLAWSKI A,KUDRA T. Case-based reasoning for design of drying equipment[J]. Drying Technology,2001,19(5):767-783.

[99] REGUERA ACEVEDO P,FUERTES MARTINEZ J J,DOMINGUEZ GONZALEZ M,et al. Case-based reasoning and system identification for control engineering learning[J]. IEEE Transactions on Education,2008, 51(2):271-281.

[100] KOLODNER J L,COX M T,GONZALEZ-CALER P A. Case-based reasoning-inspired approaches to education[J]. Knowledge Engineering Review,2005,20(3):299-303.

[101] KOLODNER J L. An introduction to case-based reasoning[J]. Artificial Intelligence Review,1992,6(1):3-34.

[102] KOLODNER J,LEAKE D. A tutorial introduction to case-based reasoning[J]. Case-Based Reasoning:Experiences,Lessons,and Future Directions,1996:31-65.

[103] AHA D W,BRESLOW L A,MUNOZ-AVILA H. Conversational case-based reasoning[J]. Applied Intelligence,2001,14(1):9-32.

[104] WATSON I, MARIR F. Case-based reasoning: a review [J]. The Knowledge Engineering Review,1994,9(4):327-354.

[105] WATSON I. Case-based reasoning is a methodology not a technology [J]. Knowledge-Based Systems,1999,12(5/6):303-308.

[106] CHIU S L. Fuzzy model identification based on cluster estimation[J]. Journal of Intelligent and Fuzzy Systems,1994,2(3):267-278.

[107] 王兴玲,李占斌. 基于网格搜索的支持向量机核函数参数的确定[J]. 中国海洋大学学报(自然科学版),2005,35(5):859-862.

[108] HSU C W,CHANG C C,LIN C J. A practical guide to support vector classification [M]. 2003:1-15.

[109] SHIVA KUMAR H,KRISHNAMOORTHY C S. A framework for case-based reasoning in engineering design[J]. Artificial Intelligence for Engineering Design,Analysis and Manufacturing,1995,9(3):161-182.

[110] MAHER M L,GOMEZ DE SILVA GARZA A. Case-based reasoning in design[J]. IEEE Expert,1997,12(2):34-41.

[111] REZA MONTAZEMI A,MOY GUPTA K. A framework for retrieval in case-based reasoning systems[J]. Annals of Operations Research,1997,72(0):51-73.

[112] FINNIE G,SUN Z H. A logical foundation for the case-based reasoning cycle[J]. International Journal of Intelligent Systems, 2003, 18(4):367-382.

[113] RISSLAND E L,ASHLEY K D,BRANTING L K. Case-based reasoning and law[J]. The Knowledge Engineering Review, 2005, 20(3):293-298.

[114] RICHTER M M,AAMODT A. Case-based reasoning foundations[J]. The Knowledge Engineering Review,2005,20(3):203-207.

[115] YANG B S,KWON JEONG S,OH Y M,et al. Case-based reasoning system with Petri nets for induction motor fault diagnosis[J]. Expert

Systems With Applications,2004,27(2):301-311.

[116] 杨炳儒.知识工程与知识发现[M].北京:冶金工业出版社,2000.

[117] BERGMANN R, KOLODNER J, PLAZA E. Representation in case-based reasoning [J]. Knowledge Engineering Review, 2005, 20(3): 209-213.

[118] PAL S K,DE R K,BASAK J. Unsupervised feature evaluation:a neuro-fuzzy approach[J]. IEEE Transactions on Neural Networks,2000,11 (2):366-376.

[119] 史忠植.知识发现[M].北京:清华大学出版社,2002.

[120] 方崇智,萧德云.过程辨识[M].北京,清华大学出版社,1988.

[121] LUINENBURG A W,ONINK M,RITMAN V A. New physical on-line model for coiling temperature control:proceedings of the The7th international conference on steel roiling(STEEL ROILING'98),Chiba,Japan,1998[C]. The iron and steel institute of Japan.

[122] 余驰斌,梁伟刚.热连轧带钢水幕冷却控制技术的研究[J].钢铁,1993, 28(1):37-40.

[123] 吴德强,胡昌宗,黄波.热轧带钢层流冷却系统的技术开发与应用[J].轧钢,2005,22(5):29-30.

[124] 陈治纲,许超,邵惠鹤.间歇过程优化与先进控制综述[J].化工自动化及仪表,2003,30(3):1-6.

[125] 宋建成.间歇过程计算机集成控制系统[M].北京:化学工业出版社,1999.

[126] 胡玉娥,翟春艳,李书臣.时滞间歇过程迭代学习控制算法研究[J].自动化仪表,2006,27(1):1-5.

[127] 杜寿兵,吴付岗.迭代学习控制在配料控制系统中的应用[J].计算机测量与控制,2006,14(4):479-481.

[128] 徐敏,林辉,刘震.可变学习增益的迭代学习控制律[J].控制理论与应用,2007,24(5):856-860.

[129] 孙明轩,黄宝健.迭代学习控制[M].北京:国防工业出版社,1999.

[130] SAAB S S. On the P-type learning control[J]. IEEE Transactions on Automatic Control,1994,39(11):2298-2302.

[131] 张怀相,原魁,邹伟.基于迭代学习控制的 PID 控制器设计[J].系统工程与电子技术,2006,28(8):1225-1228.

[132] LEE K S,LEE J H. Iterative learning control-based batch process control technique for integrated control of end product properties and transient profiles of process variables[J]. Journal of Process Control,2003, 13(7):607-621.

[133] LEE J H,LEE K S,KIM W C. Model-based iterative learning control with a quadratic criterion for time-varying linear systems[J]. Automatica,2000,36(5):641-657.

[134] 于少娟,齐向东,吴聚华. 迭代学习控制理论与应用[M]. 北京:北京工业出版社,2005.

[135] XIONG Z H,ZHANG J. A batch-to-batch iterative optimal control strategy based on recurrent neural network models[J]. Journal of Process Control,2005,15(1):11-21.

[136] Krothapally M,Palanki S. A neural network strategy for batch process optimization[J]. Computers and Chemical Engineering,1997,21: 463-468.

[137] Bristow D A,Tharayil M,Alleyne A G. A survey of iterative learning control[J]. IEEE Control Systems Magazine,2006,26(3):96-114.

[138] 李仁俊,韩正之. 迭代学习控制综述[J]. 控制与决策,2005,20(9): 961-966.

[139] 刘琪,方勇. 可变初始状态下迭代学习控制误差估计[J]. 计算机应用与软件,2006,23(10):118-119.

[140] 陈小燕,柴天佑,王笑波,等. 板带层流冷却系统仿真软件包的研究与开发[J]. 系统仿真学报,2002,14(6):785-788.

[141] 谭明皓,片锦香,柴天佑. 热轧层流冷却过程的智能建模仿真软件包[J]. 系统仿真学报,2005,17(2):332-336.

[142] 贾树晋. 层流冷却过程优化设定控制实验平台的设计与开发[D]. 沈阳: 东北大学,2007.

[143] 陈允中. 热轧带钢层流冷却控制实验系统的控制软件平台的设计与开发[D]. 沈阳:东北大学,2008.

[144] 片锦香,柴天佑,贾树晋,等. 层流冷却系统过程优化控制仿真实验平台[J]. 系统仿真学报,2007,19(24):5667-5671.

[145] 翟廉飞,柴天佑,高忠江,等. 制粉系统智能解耦控制的分布式仿真实验平台[J]. 系统仿真学报,2006,18(7):1824-1828.